SketchUp+V-Ray
建模与渲染

高等院校艺术学门类
"十三五"规划教材

- 主 编 刘 雪 蔡文明
- 副主编 张 浩 张大鹏
- 参 编 张 超 谢昕芹

U0278677

A R T D E S I G N

华中科技大学出版社
http://www.hustp.com
中国·武汉

内 容 简 介

本书详细地介绍了 SketchUp 建模的基本方法和 V-Ray 模型渲染技法，并结合室内、建筑、景观等案例深入浅出地介绍相关技巧，使读者能快速全面地掌握设计表达技巧。

全书共 11 章，第 1~3 章讲解 SketchUp 建模导读，以及 SketchUp 建模基础、V-Ray 的面板基础；第 4 ~ 6 章讲解 SketchUp 建模工具的应用、材质与贴图的应用、场景与动画的应用；第 7~10 章详细介绍规划类地形及 SketchUp+V-Ray 的咖啡厅室内建模案例、别墅建筑建模案例和环境景观模型；第 11 章详细介绍 V-Ray 模型的渲染。

本书的部分章节配有教学视频，读者可通过扫描章节首页的二维码观看教学视频，结合本书，实现同步学习，使各章节内容更加直观、易懂、易学。本书可作为环境设计、园林设计、景观设计、建筑设计、规划设计等专业的教学用书，同时也可作为设计爱好者及相关从业人员的参考书。

图书在版编目（CIP）数据

SketchUp+V-Ray 建模与渲染 / 刘雪，蔡文明主编. — 武汉 : 华中科技大学出版社, 2019.5（2024.7 重印）
高等院校艺术学门类"十三五"规划教材
ISBN 978-7-5680-5237-5

Ⅰ.①S…　Ⅱ.①刘…　②蔡…　Ⅲ.①建筑设计 – 计算机辅助设计 – 应用软件 – 高等学校 – 教材

Ⅳ.①TU201.4

中国版本图书馆 CIP 数据核字(2019)第 092557 号

SketchUp+V-Ray 建模与渲染　　　　　　　　　　　　　　　　　　　　刘　雪　蔡文明　主编
SketchUp+V-Ray Jianmo yu Xuanran

策划编辑：彭中军
责任编辑：杨　辉
封面设计：优　优
责任监印：朱　玢
出版发行：华中科技大学出版社（中国·武汉）　　　电话：(027)81321913
　　　　　武汉市东湖新技术开发区华工科技园　　　邮编：430223
录　　排：武汉正风天下文化发展有限公司
印　　刷：武汉科源印刷设计有限公司
开　　本：880 mm×1230 mm　1/16
印　　张：7.5
字　　数：237 千字
版　　次：2024 年 7 月第 1 版第 6 次印刷
定　　价：49.00 元

1 第1章 SketchUp 建模导读

    1.1 三维建模软件发展史概述 /2
    1.2 常用渲染器对比简析 /2
    1.3 室内设计、建筑设计、景观设计建模步骤 /3

5 第2章 SketchUp 建模基础

    2.1 SketchUp 软件介绍 /6
    2.2 SketchUp 快速上手 /6
    2.3 视图的控制与对象的选择和显示 /12

15 第3章 V-Ray 的面板基础

    3.1 V-Ray 下载 /16
    3.2 V-Ray 的特点 /16
    3.3 设置 V-Ray 渲染器 /16
    3.4 V-Ray(设置)选项卡 /17
    3.5 V-Ray 帧缓存器 /18
    3.6 V-Ray 全局开关 /18
    3.7 V-Ray 图像采样器(抗锯齿) /19
    3.8 V-Ray 环境 /19
    3.9 V-Ray 色彩映射 /20
    3.10 V-Ray 相机 /20
    3.11 V-Ray 间接照明 /21
    3.12 V-Ray 发光贴图 /22

23 第4章 SketchUp 建模工具的应用

    4.1 绘图工具 /24
    4.2 常用工具的应用 /30
    4.3 插件的应用 /41
    4.4 图层、群组与组件的应用 /47

53 第5章 材质与贴图的应用

    5.1 默认材质 /54
    5.2 材质编辑器 /54
    5.3 填充材质 /56
    5.4 贴图的应用 /58
    5.5 贴图坐标 /58
    5.6 贴图的技巧 /60

目录

SketchUp+V-Ray JIANMO YU XUANRAN

63 **第 6 章 场景与动画的应用**

6.1 场景及"场景"管理器 /64
6.2 动画 /64

67 **第 7 章 规划类地形**

7.1 规划类地形的制作思路 /68
7.2 整理与导出图纸 /70
7.3 导入图纸与创建地形 /71

73 **第 8 章 咖啡厅室内建模案例**

8.1 整理 CAD 图纸 /74
8.2 导入图纸并对位图纸 /75
8.3 创建模型 /76

81 **第 9 章 别墅建筑建模案例**

9.1 整理 CAD 图纸 /82
9.2 导入图纸并对位图纸 /82
9.3 创建模型 /83

85 **第 10 章 环境景观模型**

10.1 制作景观连廊架模型 /86
10.2 制作木制廊架模型 /88
10.3 制作张拉膜模型 /91
10.4 制作圆亭模型 /92

95 **第 11 章 V-Ray 模型的渲染**

11.1 V-Ray for SketchUp 的特征 /96
11.2 V-Ray for SketchUp 渲染器介绍 /96
11.3 V-Ray for SketchUp 材质面板 /98
11.4 V-Ray for SketchUp 灯光系统介绍 /102
11.5 V-Ray for SketchUp 渲染面板介绍 /106
11.6 实践训练——客厅渲染实例 /109

115 **参考文献**

第 1 章

SketchUp 建模导读

SketchUp JIANMO DAODU

1.1
三维建模软件发展史概述

随着计算机科学的发展，从视觉表现到实物模拟，从《泰坦尼克号》电影到《魔兽世界》游戏，都离不开三维建模软件。三维建模软件是 CG 动画或工业类设计等完成的基础，通过进一步渲染、修改，并加以后期制作完成最终效果。

从 20 世纪 60 年代开始，现代半导体工业的雏形形成，发达国家最先发明了三维技术，并在军事领域应用。

随着半导体工业继续发展，20 世纪 80 年代出现了一种专门用来制作三维图像的电脑。

20 世纪 90 年代，电影工业和机械设计业开始大量采购三维图像工作站并将其作为重要的开发工具。大量采用三维技术的电影有《星球大战》系列、《泰坦尼克号》等。在这一时期也出现了一些纯粹使用三维技术制作的动画片，但是技术比较原始。

20 世纪 90 年代，世界上第一款图形交互系统——Windows 95 系统的出现，使得个人计算机（PC）开始普及，三维图像的制作工具出现了由专业的图像工作站（SGI）向个人计算机转移的趋势。

早期三维动画还只是个别专家的专利，三维建模软件只能运行在高端的 SGI 上。后来由于 PC 的性能不断提升，终于有了可以在 PC 上运行的三维建模软件。

到了 21 世纪，个人计算机已经走进了千家万户，Autodesk、Adobe 等知名的图像软件制作公司相继推出了 Windows、Mac、Linux 版本的三维图像制作软件，三维技术达到了前所未有的繁荣期。

由于个人计算机的普及，三维图像制作的技术门槛和经济门槛进一步降低，出现了图形图像行业已经被三维技术占领的空前盛况。从 21 世纪初至今，电影电视业、动漫产业、机械设计业、产品设计业、建筑业、广告业、软件业等都应用了三维技术的产品。

1.2
常用渲染器对比简析

1.2.1　V-Ray 的发展与应用范围

V-Ray 是由 Chaos Group 和 ASGVIS 公司出品，在中国由曼恒公司负责推广的一款高质量渲染软件。V-Ray 是目前业界最受欢迎的渲染引擎。基于 V-Ray 内核开发的 3D 建模软件有 V-Ray for 3ds MAX、Maya、SketchUp、Rhino 等诸多版本。V-Ray 为不同领域的优秀 3D 建模软件提供了高质量的图片和动画渲染，方便使用者渲染各种图片。

V-Ray 主要用于渲染一些特殊的效果，如次表面散射、光迹追踪、焦散、全局照明等，可用于建筑设计、灯光设计、展示设计、动画渲染等多个领域。

1.2.2　其他常用渲染器

Lumion 是由 Act-3D 发布的一个实时的 3D 可视化工具，用来制作电影和静帧作品，涉及的领域包括建筑、规划和设计。Lumion 可以传递现场演示。不同于常见的 CPU 处理方案，Lumion 通过使用快如闪电的 GPU 渲染技术，能够实时编辑 3D 场景，其效果和游戏场景近似。

Artlantis 是法国 Abvent 公司重量级渲染引擎，也是 SketchUp 的一个天然渲染伴侣。它是用于建筑室内和室外场景的专业渲染软件，其超凡的渲染速度与质量、无比友好和简洁的用户界面令人耳目一新，被誉为建筑绘图场景、建筑效果图画和多媒体制作领域的一场革命。其渲染速度极快，与 SketchUp、3ds MAX、ArchiCAD 等建筑建模软件可以无缝链接，渲染后的所有绘图与动画影像让人印象深刻。

Maxwell Render 由 Next Limit 公司发布，是一款不依附其他三维软件便可以独立运行的渲染软件，采用了光谱的计算原理，突破了长久以来的光能传递等渲染技术，使结果更逼真。Maxwell Render 是一个基于真实光线的物理特性的全新渲染引擎，按照精确的算法和公式来重现光线的行为。Maxwell Render 中所有的元素，比如灯光发射器、材质、灯光等，都是完全依靠精确的物理模型产生的。Maxwell Render 可以记录场景内所有元素之间相互影响的信息，并且所有的光线计算都是使用光谱信息和高动态区域数据执行的。

KeyShot 意为 the key to amazing shots，是一个互动性的光线追踪与全域光渲染程序，不需要复杂的设定即可产生相片般真实的 3D 渲染影像。它是一个完全基于 CPU，对三维数据进行渲染和动画操作的独立渲染器，广泛用于高精度图像的实时呈现，为设计师、工程师和 CG 专业人士轻松地创建逼真的图像和三维模型动画提供优良的解决方案。

1.3
室内设计、建筑设计、景观设计建模步骤

1.3.1　室内设计建模步骤

室内设计建模步骤主要分为四步：
（1）将室内户型 CAD 文件或图片文件导入 SketchUp（下文简称 SU）中；
（2）依照导入的文件在 SU 中将图形描绘一遍；
（3）拉高墙体，为屋顶封面；
（4）添加材质、家具等，完善室内的家装布置。

1.3.2　建筑设计建模步骤

与室内设计建模不同，建筑设计建模的主要思路是：环境—体块—单体深化。其步骤主要分为七步：
（1）完成导图之前的准备工作；
（2）导入 CAD 文件；

（3）拉伸各个楼层体块；

（4）开窗开门（是否建窗框要根据实际情况决定）；

（5）添加阳台（阳台深度的制作按实际情况的需要进行）、室外楼梯等外部需要制作的构件；

（6）添加页面，确定模型的观测视角定位；

（7）导出 JPG 图像文件，为后期处理提供建筑图片。

1.3.3　景观设计建模步骤

景观设计的模型在 SU 中有着丰富的素材，而需要重新建模的，更多的是在原创式设计的基础设施上重新建模，基础设施包括花坛、座椅、路灯或者雕塑等。这些基础设施是比较常见的形状，是基本形体的组合。以路灯为例，景观设计建模步骤大致分为三步：

（1）拆解路灯的形状，其形状大致为：灯基座是立方体，灯杆是细长的圆柱体，灯罩是半球体的薄壳，灯泡是球体；

（2）通过推拉和 SU 中提供的基本形体，快速地做出体块；

（3）把做好的体块加以组合，调整相对大小，赋予材质，即完成建模。

SketchUp 建模基础

SketchUp JIANMO JICHU

2.1
SketchUp 软件介绍

SketchUp 是一套直接面向设计方案创作过程的设计工具，其创作过程不仅能够充分表达设计师的思想，而且可以满足与客户即时交流的需要。它使设计师可以直接在电脑上进行十分直观的构思，是三维建筑设计方案创作的优秀工具。

通俗地讲，SketchUp 完成的是草图，使用时方便快捷，可以绘制立体视觉化的效果。用户可以将使用 SketchUp 创建的 3D 模型直接输出至 Google Earth 里。很多领域的建模设计都可以通过 SketchUp 来完成，例如室内设计，住宅区、商业区、工业区和会展区设计等。

SketchUp 是一套精简而强健的工具集和智慧导引系统，它简化了 3D 绘图的过程。

2.2
SketchUp 快速上手

2.2.1　SketchUp 界面介绍

SketchUp 的操作界面非常简洁明快，中间空白处是绘图区，绘制的图形将在此处显示。该软件的操作界面主要由以下几个部分组成。

A 区：菜单栏。菜单栏由"文件""编辑""查看""相机""绘图""工具""窗口""帮助"等 8 个主菜单组成。

B 区：工具栏。工具栏分为横、纵两个工具栏（如果没有纵工具栏，可以通过"视图"→"工具栏"命令调出大工具集）。

C 区：状态栏。当光标在软件操作界面上移动时，状态栏中会有相应的文字提示，这些提示可以帮助使用者更容易地操作软件。

D 区：数值输入框。操作界面右下角的数值输入框可以根据当前的作图情况输入"长度""距离""角度""个数"等相关数值，以起到精确建模之用。

SketchUp 只用一个简洁的视口来作图，各视口之间的切换是非常方便的。

2.2.2　SketchUp 系统设置

设置 SketchUp 系统时可以在"窗口"中找到"系统设置"。下面介绍系统设置中比较重要的几个选项。

（1）Applications：系统设置中左边的第一个选项。这里定义了默认的图片编辑器，可以单击其右边的按钮来选择。一般选择 PS 的主程序，这样便可以直接调用 PS 编辑图片。其具体方法在后面说明。

（2）Drawing：绘图。这里可以定义是否连续画线，在 SU 里是默认连续画线的，这种情况下，如果画的线没有闭合成面，那么 SU 自动将上一条线的终点定义为下一条线的起点。

（3）Extensions：扩展。一些插件需要在这里加载，包括地形工具和 Ruby 控制台。

（4）General：全局。这里常用的就是设置自动保存时间，当模型大到一定程度（>30 M）时，存储将变得缓慢。

（5）OpenGL：一个影响性能的关键选项。这里要使用"硬件加速"和"快速反馈"，不要使用"最大纹理尺寸"。

（6）Shortcuts：快捷键。这里可以设置快捷键，旁边的"重置"按钮可以将快捷键恢复为系统默认。

2.2.3 SketchUp 视图操作

（1）环绕观察。打开一个 SketchUp 文件，单击工具栏上的"环绕观察"命令，在界面上按住鼠标左键并拖动可以实现环绕观察。在其他工具下，如果想进行环绕观察，可以按住鼠标中键并上下左右拖动界面，同样也可以实现环绕观察。

（2）居中显示。在任意工具下，单击鼠标滚轮都可以让单击位置居中显示。

（3）平移。单击工具栏上的手形图标，也就是平移工具，然后在界面上按住鼠标左键并拖动物体或画布，可以实现物体或画布的平移。在其他工具下，按住 Shift 键的同时按住鼠标中键并拖动物体或画布，也可以实现物体或画布的平移。

（4）缩放。单击缩放工具后，在界面上按住鼠标左键，向上拖动会放大显示界面，向下拖动会缩减显示界面。

（5）缩放范围。单击"缩放范围"会让界面中所有物体充满整个界面，该功能的快捷键是 Ctrl+Shift+E，另一个快捷键 Shift+Z 也可以实现该功能。

2.2.4 SketchUp 视图显示

SketchUp 在使用中经常要用到视角的切换，好的视角能够给绘图带来巨大的方便。SketchUp 自身设置了等轴、俯视、主视、右视、后视、左视以及通过环绕观察自定义视角等视角视图，图 2-1~ 图 2-7 所示分别是这几种视角视图在 SketchUp 中的显示。

图2-1 等轴视图

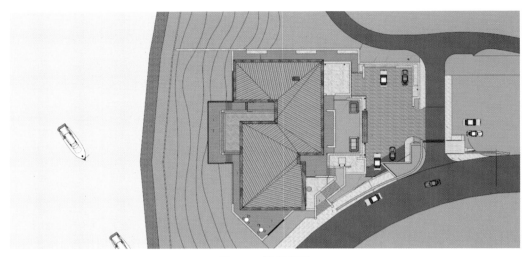

图2-2　俯视视图

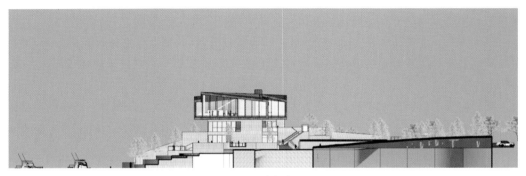

图2-3　主视视图

图2-4　右视视图

图2-5　后视视图

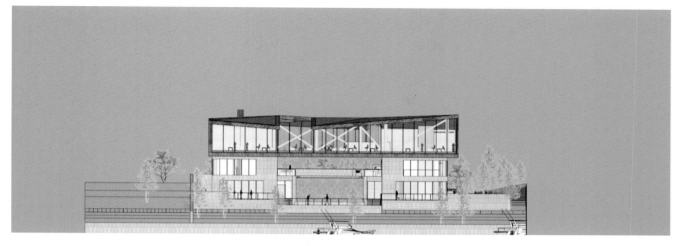

图2-6　左视视图

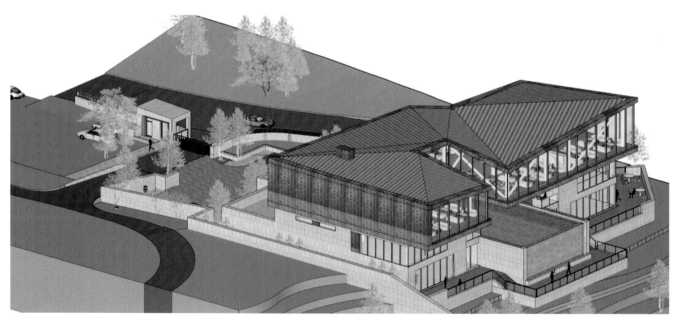

图2-7　环绕观察自定义视角视图

2.2.5　SketchUp 显示风格

SketchUp 中有许多不同的样式属性，都是可以编辑的。

边缘：型材、深度线索拓、端点、抖动、颜色。

面孔：默认正面和背面的颜色、线框、隐藏线、阴影、纹理、透明度。

背景：颜色、天空、地面、透明度。

水印：显示。

模型：显示颜色、可见几何、照片选项相匹配。

图 2-8 和图 2-9 分别展示了 SketchUp 中一些预设的显示风格和特殊修改保存的显示风格。

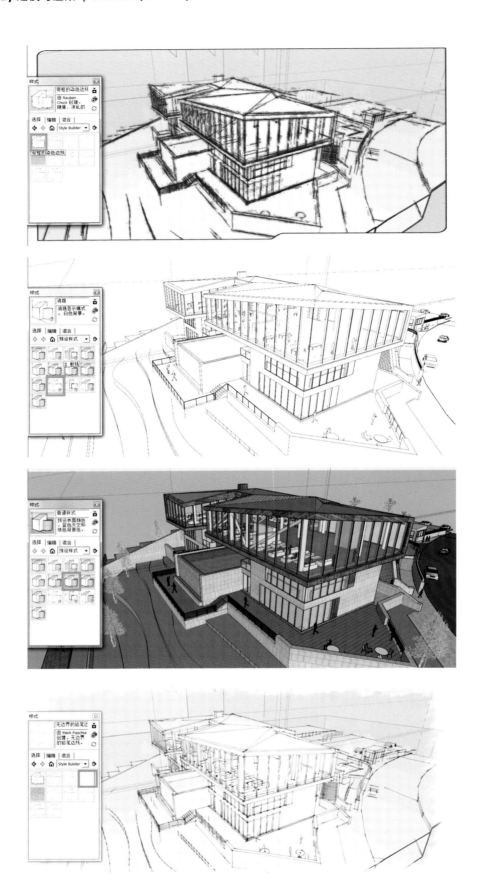

图2-8　SketchUp预设的显示风格

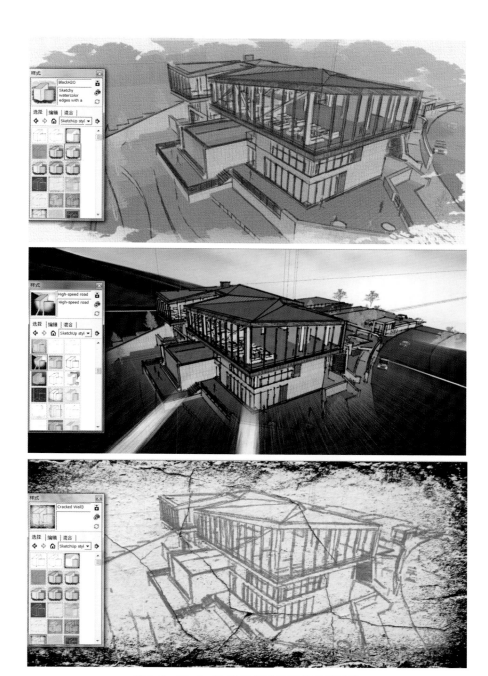

图2-9　SketchUp特殊修改保存的显示风格

2.2.6　SketchUp 坐标系统

SketchUp 具有自己的三维坐标系统。在 SketchUp 的操作区中有红、绿、蓝 3 条线，这 3 条线就是 SketchUp 软件中的坐标轴。为了方便用户识别与操作，SketchUp 用颜色区分轴方向，用线的虚实区分坐标轴的正、负方向。红线代表 x 轴方向，绿线代表 y 轴方向，蓝线代表 z 轴方向；实线代表正方向，虚线代表负方向。

在建模过程中，根据实际操作的需要可能会修改坐标轴的位置，可以通过坐标轴工具来重新设置坐标轴的位置。

在 SketchUp 实际建模过程中，坐标轴为建模提供了有利的参考。如：在绘制线条的过程中，如果线条以红色显示，意味着绘制的线条是与红色的 x 轴平行的；绘制时出现绿色和蓝色线条，同样也说明这时绘制的线条是分别与 y 轴和 z 轴平行的。

2.3
视图的控制与对象的选择和显示

2.3.1 视图的控制

图2-10 视图的控
制工具

视图的控制工具如图 2-10 所示。

（1）旋转视图。激活旋转工具，在绘图窗口中按住鼠标拖动。在任何位置按住鼠标都没有关系，旋转工具会使视图自动围绕模型视图的大致中心旋转。

（2）摇晃。按住 Ctrl 键可以屏蔽重力设置，从而允许照相机摇晃。

（3）平移视图。激活平移工具，然后在绘图窗口中按住鼠标并拖动即可。

（4）调整透视图。当激活缩放工具时，可以输入一个准确的值来设置透视或照相机的焦距，也可以在缩放的时候按住 Shift 键，进行动态调整。

（5）窗口缩放工具。窗口缩放工具可以从照相机工具栏或显示菜单中的缩放子菜单中激活。

（6）环视。环视工具可以让照相机以自身为固定旋转点，旋转观察模型。环视工具在观察内部空间时特别有用，也可以在放置照相机后用来评估视点的观察效果。环视工具可以从照相机工具栏或显示菜单中的照相机工具子菜单中激活。激活环视工具，然后在绘图窗口中按住鼠标左键并拖动。在任何位置按住鼠标都没有关系。

（7）指定视点高度。使用环视工具时，可以在数值控制框中输入一个数值，来设置准确的视点距离地面的高度。

（8）漫游视图。按住鼠标中键可以激活盘旋工具，但如果是在使用漫游工具的过程中按住鼠标中键，则会激活环视工具。

2.3.2 对象的选择

在 SketchUp 中，对象的选择步骤如下。

（1）单击工具栏中的"选择"命令，如图 2-11 所示，或者按快捷键——空格键进行选择。

（2）最常用的单击方法只能够选择一个对象，如图 2-12 所示。那么怎么样进行多个选择呢？按住 Ctrl 键就可以进行多个选择了，如图 2-13 所示，光标旁边出现了一个加号。

图2-11 单击"选择"命令

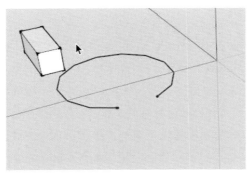

图2-12 选择一个对象

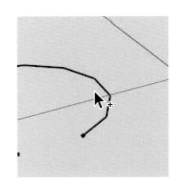

图2-13 选择多个对象

（3）如图 2-14 所示，按住 Shift 键，光标旁边出现了一个加号和一个减号。单击对象可以选择，再单击后可以取消选择。

（4）如图 2-15 所示，按住 Shift 和 Ctrl 键，光标旁边出现了一个减号，单击对象可以取消选择。

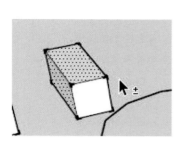
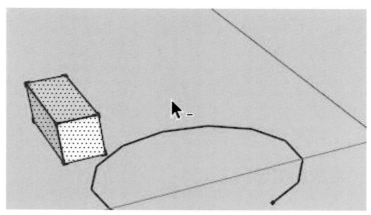

图2-14　选择和取消选择对象　　　　　　　　　图2-15　取消选择对象

（5）如图 2-16 所示，从左侧向右侧拖动光标，只有完全在矩形框内的对象才被选择。

（6）如图 2-17 所示，从右侧向左侧拖动光标，只有与矩形框交叉的对象才被选择。

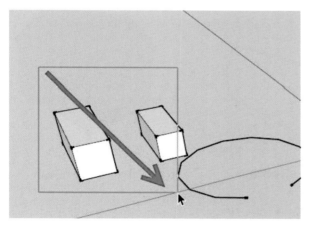
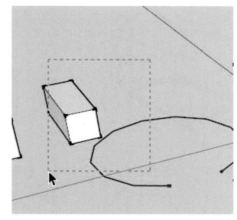

图2-16　选择矩形框内的对象　　　　　　　　　图2-17　选择与矩形框交叉的对象

（7）如图 2-18 所示，单击立体对象的一个面，可以选择这个面。

（8）如图 2-19 所示，双击立体对象的一个面，可以选择这个面和立体对象的边线。

（9）如图 2-20 所示，三击立体对象的一个面，可以选择与这个面连接的所有项。

（10）如图 2-21 所示，通过关联菜单还可以有更多的选择方法。

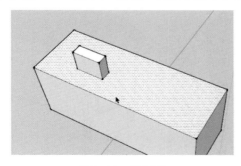
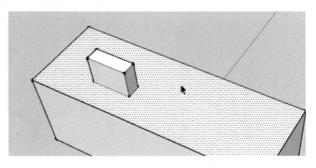

图2-18　选择面　　　　　　　　　　　　　　图2-19　选择面和边线

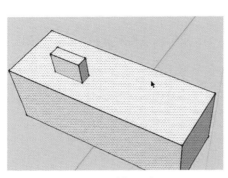

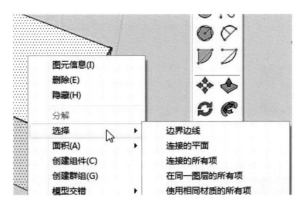

图2-20　选择所有项　　　　　　　　　　　　　图2-21　其他选择方法

2.3.3　对象的显示

（1）线框模式。线框模式以一系列的线条来显示模型，如图 2-22 所示。

（2）消隐线模式。消隐线模式以边线和表面的集合来显示模型，但是没有着色和贴图，如图 2-23 所示。

（3）着色模式。在着色模式下，模型表面被着色，并反映光源，如图 2-24 所示。

图2-22　线框模式　　　　　　　图2-23　消隐线模式　　　　　　　图2-24　着色模式

（4）贴图着色模式。在贴图着色模式下，赋予模型的贴图材质将被显示出来，如图 2-25 所示。

（5）X光透视模式。X光透视模式可以和其他显示模式结合使用。该模式可以让所有的可见表面变得透明，如图 2-26 所示。X光透视模式在可视化、渲染设置和辅助建模中都是有用处的。

（6）单色模式。在单色模式下，模型就像是线和面的集合体，像消隐线模式，如图 2-27 所示。

图2-25　贴图着色模式　　　　　　图2-26　X光透视模式　　　　　　图2-27　单色模式

第 3 章

V-Ray 的面板基础

V-Ray DE MIANBAN JICHU

System Preferences

Applications
Compatibility
Drawing
Extensions
Files
General
OpenGL
Shortcuts
Template
Workspace

☐ Ruby Script Examples
☐ Google Earth Ocean Modeling
☑ Utilities Tools
☑ V-Ray For SketchUp
☑ Round Corner

Allows you to render your SketchUp scene with the V-Ray Rendering Engine

Version: 1.48.66

Creator: Google

Copyright: 2008, Google

OK   Cancel

3.1
V-Ray 下载

进入 V-Ray 的官网 https：//www.vray.com/vray-for-sketchup/，选择 V-Ray for SketchUp，并根据电脑的系统选择对应的版本下载，如图 3-1 所示。

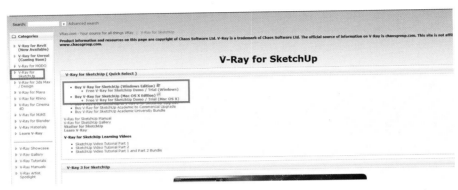

图3-1　V-Ray for SketchUp 下载界面

3.2
V-Ray 的特点

V-Ray 具有三大特点。

（1）表现真实。V-Ray 可以达到照片级别、电影级别的渲染质量，很多电影中的某些场景就是利用它渲染的。

（2）应用广泛。V-Ray 支持 3ds MAX、Maya、SketchUp 等许多三维图像制作软件，因此深受广大设计师的喜爱，也因此被应用到室内、室外、产品、景观设计表现、影视动画、建筑环游等诸多领域。

（3）适应性强。V-Ray 自身有很多的参数可供使用者进行调节，使用者可根据实际情况，控制渲染的时间，从而制作出不同效果与不同质量的图片。

3.3
设置 V-Ray 渲染器

启动 V-Ray 这个选项允许启动或关闭程序。通过"窗口"→"参数设置"→"扩展栏"命令找到图 3-2 所示的选项。此选项在下次启动 SketchUp 时才会生效。

图 3-3 是 V-Ray For SketchUp 的工具栏，如果打开 SketchUp 的时候没有该工具栏，勾选 SketchUp 菜单栏的"视图"→"工具栏"→"V-Ray For SketchUp"，便会出现该工具栏。

如图 3-3 所示，从左开始，第一个按钮"M"是 V-Ray 材质编辑器，用于编辑以及预览场景中对象的材质。第二个按钮是 V-Ray 的参数面板，用于调试渲染的环境、间接光等参数，参数面板中标记的项一般是需要调整的项，其他的一般可以保持默认。第三个按钮是启动渲染的按钮。右边的几个按钮用于多个渲染结果的比较。第五个按钮是打开帧缓存窗口的按钮，通过单击打开，可以获得上一次的渲染结果。第六到第九个按钮分别是泛光灯、面光、聚光灯和 IES 灯光。第十个按钮和第十一个按钮分别是 V-Ray 球和 V-Ray 无限平面。

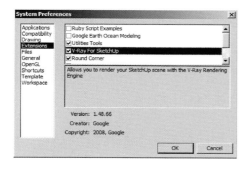

图3-2　设置V-Ray For SketchUp

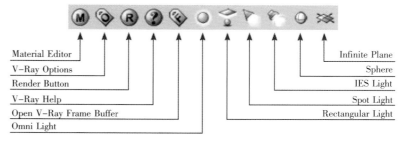

图3-3　在SketchUp中打开V-Ray插件

3.4

V-Ray（设置）选项卡

V-Ray 的（设置）选项卡从左到右分别是保存、载入、复位、导入、导出，如图 3-4 所示。"保存"命令可以将设置好的参数保存，方便下次使用，与"导出"命令类似。而"载入"与"导入"命令能将设置好的参数加载并直接使用。如果设置错误或者不满意，可以通过"复位"命令设置解决。

图3-4　V-Ray(设置)选项卡

V-Ray 的参数面板中包括全局开关、系统、环境等参数，如图 3-5 所示。

图3-5　V-Ray 参数面板中的参数

3.5
V-Ray 帧缓存器

通道渲染方便后期处理。根据实际情况的需要将左边的通道添加到右边，出图到 PS 后，会出现相应的图层。

3.6
V-Ray 全局开关

V-Ray 全局开关面板如图 3-6 所示。

（1）"反射 / 折射"控制渲染中是否使用反射和折射效果。最大深度是对反射、折射效果的最大反弹数，当关闭时，反射、折射效果的最大反弹数是由个别材质的数值来定义的；当开启时，最大深度将作为全局设置取代个别设置。当然，数值越大，效果越好，速度就越慢。

（2）"覆盖材质"就是用同一种单色材质来覆盖场景中的所有材质。

（3）"间接照明"，勾选此项，V-Ray 在跑完光后就会自动停下来。

（4）"低线程优先权"，勾选此项，可以在一定程度上减少 V-Ray 占用的系统资源。

（5）"显示进程窗口"，勾选此项，可以开启渲染进程窗口。

（6）"灯光"一般选择"默认灯光"即可。

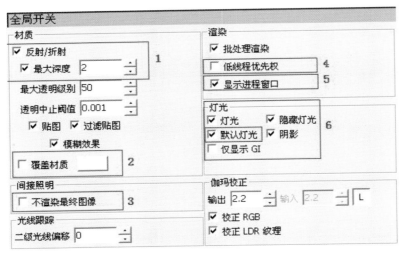

图3-6　V-Ray全局开关面板

3.7

V-Ray 图像采样器（抗锯齿）

（1）V-Ray 提供三种图像采样器，每种都有自己的特点和用处。

① 固定比率采样器是最简单的采样器，速度也最快。

② 自适应 QMC 采样器。该采样器用于有较多细节的场景，也是出图常用到的。最大、最小细分的值越大，效果越好，速度越慢。如图 3-7 所示。

③ 自适应细分采样器。最大、最小比率：值越大，效果越好，速度越慢。阈值：控制采样时的敏感性，值越小，效果越好，速度越慢。法线：控制法线方向的采样，一般默认关闭即可。如图 3-8 所示。

（2）抗锯齿过滤器。V-Ray 提供 6 种抗锯齿过滤器，在测试渲染时，一般关闭。

图3-7　自适应QMC采样器

图3-8　自适应细分采样器

3.8

V-Ray 环境

V-Ray 环境面板如图 3-9 所示。

（1）天光。天光即 V-Ray 的 GI 环境光，根据场景的不同需要，可以改变颜色、倍增值等。

（2）背景。该选项默认是开启的，为黑色。同样，该选项可以改变颜色和倍增值，而且可以加载 HDRI 贴图，得到真实的环境照明效果。

（3）反射、折射。这两个选项一般不用设置，可以靠场景环境来凸显具有反射、折射等属性的材质的质感。

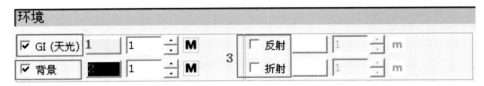

图3-9　V-Ray环境面板

3.9

V-Ray 色彩映射

色彩映射即曝光方式，如图 3-10 所示。V-Ray 提供了七种曝光方式。以下介绍常用的三种。

（1）线性倍增。线性倍增是光线过渡最明显的一种曝光方式，比较适合用在深度很小的场景里，得到较真实且很突出的视觉效果。

（2）指数、HSV 指数。两者大致相同，共同的特点就是光线过渡柔和，但 HSV 指数更容易保护场景的颜色信息，更真实，但是也更容易出现色溢现象。

（3）莱恩霍尔。莱恩霍尔是线性倍增与指数曝光方式的混合，兼具两种方式的特点。

图3-10　V-Ray色彩映射面板

3.10

V-Ray 相机

V-Ray 的物理相机，相对而言问题比较多，如渲染出来的图全黑、自发光物体灰暗等。

（1）快门速度。快门速度越快，曝光量越少，场景越黑；反之，曝光量越多，场景越亮。但要注意的是，快门速度栏的值是实际快门速度的倒数。

（2）焦距比数。焦距比数相当于照相机的光孔，值越小，光孔越大，场景越亮。

（3）胶片速度（ISO）。ISO 即相机对光线的敏感程度，值越小，场景越亮。

（4）白平衡。白平衡就是指定场景中的一种颜色为白色，用 PS 吸取不白的墙的颜色，然后指定白平衡。

（5）渐晕。勾选此项后，渲染图片四角会偏暗，有渐晕的效果。

物理相机中经常用到的是快门、焦距比数、ISO 三个参数，如图 3-11 所示。合理地利用这三个参数，可以让场景更快地"亮"起来。

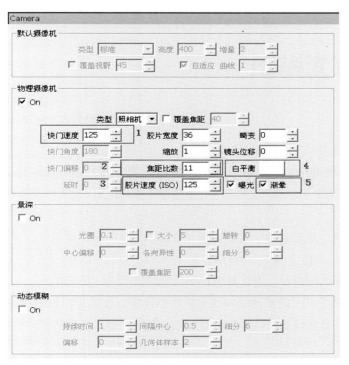

图3-11　V-Ray物理相机面板

3.11
V-Ray 间接照明

V-Ray 间接照明面板如图 3-12 所示。

（1）GI 开关。

（2）反射、折射焦散。该选项控制 GI 的反射、折射效果。值得注意的是，反射焦散对出图效果的影响很小，但是要花费大量的时间，所以一般关闭；而折射焦散却相反，一般保持开启。

（3）饱和度。该选项控制整个场景颜色的饱和度，与 PS 里的一样。在 SU 里没有包裹材质，也不需要包裹材质。一般将饱和度降低到 0.4~0.6 基本就能消除色溢现象。

（4）首次反弹。该选项用来计算物体表面上的点扩散进入摄像机的光线，会影响渲染图像每个像素的品质。

（5）二次反弹。该选项用来计算整个场景的光线分布，也就是计算所有场景物体受到直接光源与间接光源的影响。二次反弹提供了四种引擎，当下最流行的是灯光缓冲。最常用的引擎搭配是发光贴图和灯光缓冲。我们可以根据场景、机子配置、个人偏好来合理选择几种引擎之间的搭配，并不一定要使用发光贴图和灯光缓冲。

3.12
V-Ray 发光贴图

V-Ray 发光贴图面板如图 3-13 所示。

（1）最大、最小比率。其值越大，效果越好，速度越慢。一般测试时用 -6、-4，甚至用 -6、-5，跑光子图时用 -3、-1，想要效果好一点就用 -2、0。注意：因为出图像素不定，所以这个参数仅供参考，可以多次尝试后选择合适的参数。

（2）半球细分。其值越大，效果越好，速度越慢；值越小，越容易出现黑斑。测试时可用 15、20，出图时可用 60、80、100。

（3）样本。这个是控制漏光的参数，测试时可用 10，出图时可用 20、30。

（4）阈值。颜色阈值：确定发光贴图对间接光照的敏感程度，值越小，效果越好。法线阈值：确定发光贴图对物体表面法线的敏感程度，也是值越小，效果越好。距离阈值：确定发光贴图对物体表面距离变化的敏感程度，值越大，效果越好。

（5）显示计算状态。勾选此项，可以在 V-Ray 缓冲栏器中看到发光贴图的计算过程，对速度影响很小，好处是若发现效果不对，可以马上终止计算重新调试，因此建议勾选。

（6）细节增加。

（7）高级选项。高级选项里的参数都有分等级，可选择使用。

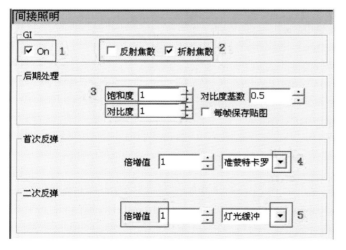

图3-12　V-Ray间接照明面板

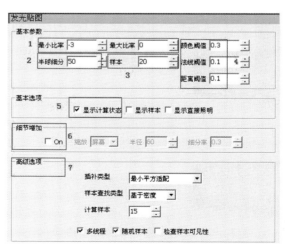

图3-13　V-Ray发光贴图面板

第 4 章

SketchUp 建模工具的应用

SketchUp JIANMO GONGJU DE YINGYONG

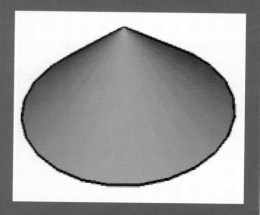

扫码查看
教学视频

4.1

绘图工具

4.1.1 直线工具

直线工具可以用来画单段直线、多段连接线或者闭合的形体，也可以用来分割表面或修复被删除的表面。直线工具能快速准确地画出复杂的三维几何体。

（1）画一条直线。激活直线工具，单击确定直线段的起点，往画线的方向移动光标。此时在数值控制框中会动态显示线段的长度。

（2）创建表面。三条以上的共面线段首尾相连，可以创建一个表面，如图 4-1 所示。

（3）分割线段。如果在一条线段上开始画线，SketchUp 会自动把原来的线段从交点处断开，如图 4-2 所示。

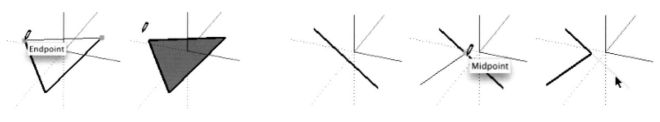

图4-1　创建表面　　　　　　　　　　　　　　图4-2　分割线段

（4）分割表面。要分割一个表面，只要画一条端点在表面周长上的线段就可以了，如图 4-3 所示。

有时候，交叉线不能按需进行分割，SketchUp 会重新分析几何体并重新整合这条线，如图 4-4 所示。

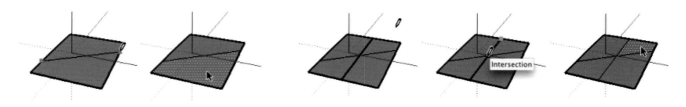

图4-3　分割表面　　　　　　　　　　　　　　图4-4　交叉线分割表面

（5）直线段的精确绘制。画线时，绘图窗口右下角的数值控制框中会以默认单位显示线段的长度。

①　输入长度值。输入一个新的长度值，按回车键确定。只输入数值，SketchUp 会使用当前文件的单位设置，为输入的数值指定单位，例如英制的（1′16″）或者公制的（3.652 m），SketchUp 会自动换算。

②　输入三维坐标。除了输入长度，SketchUp 还可以输入线段终点的准确的空间坐标。

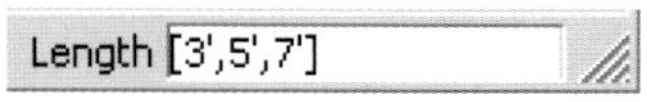

Length [3',5',7']

图4-5　输入绝对坐标

③　输入绝对坐标。用中括号输入一组数字，如图 4-5 所示，表示以当前绘图坐标轴为基准的绝对坐标，格式为 [x，y，z]。

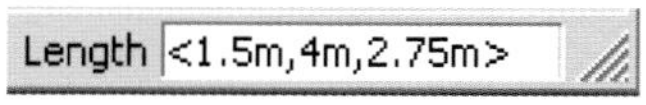

④　输入相对坐标。用尖括号输入一组数字，如图 4-6 所示，表示相对于线段起点的坐标。格式为 <x，y，z>，其中，x，y，z 是相对于线段起点的距离。

Length <1.5m,4m,2.75m>

图4-6　输入相对坐标

（6）利用参考来绘制直线段。利用 SketchUp 强大的几何体参考引擎，可以用直线工具在三维空间中绘制直线段，如图 4-7 所示。在绘图窗口中显示的参考点和参考线，显示了要绘制的线段与模型中的几何体的精确对齐关系。

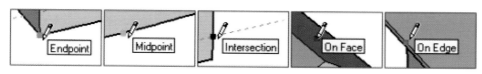

图4-7　利用参考来绘制直线段

（7）参考锁定。有时，SketchUp 不能捕捉到需要的对齐参考点，捕捉的参考点可能受到别的几何体的干扰，可以按住 Shift 键来锁定需要的参考点。

（8）等分线段。线段可以等分为若干段，在线段上，单击鼠标右键，在出现的关联菜单中选择"等分"，如图 4-8 所示。

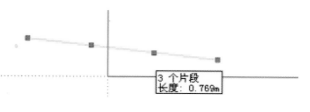

图4-8　等分线段

4.1.2　矩形工具

矩形工具通过指定矩形的对角点来绘制矩形表面。

（1）绘制矩形。激活矩形工具，单击视图场景中的任意位置，确定矩形的第一个角点，移动光标到矩形的对角点，再次单击即完成，如图 4-9 所示。

（2）绘制方形。激活矩形工具，单击视图场景中的任意位置，确定第一个角点，将光标移动到对角点，将会出现一条有端点的线条，单击鼠标结束。使用矩形工具将会创建出一个方形。

（3）输入精确的尺寸。绘制矩形时，矩形的尺寸会在数值控制框中动态显示。在确定第一个角点后，或者刚画好矩形之后，通过键盘输入精确的尺寸，如图 4-10 所示。输入数值，SktechUp 会使用当前默认的单位设置，为输入的数值指定单位，例如英制的（1′6″）或者公制的（3.652 m）。

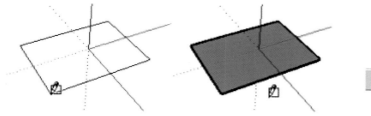

图4-9　绘制矩形

图4-10　输入精确的尺寸

（4）利用参考来绘制矩形。SketchUp 具有强大的几何体参考引擎，可以用矩形工具在三维空间中绘制矩形。在绘图窗口中显示的参考点和参考线，显示了绘制的线段与模型中的几何体的精确对齐关系，如图 4-11 所示。

4.1.3　圆工具

圆工具用于绘制圆实体。圆工具可以从工具菜单或绘图工具栏中激活。

（1）画圆。激活圆工具，在光标处会出现一个圆，如果要把圆放置在已经存在的面上，可以将光标移动到那个面上，SketchUp 会自动把圆对齐上去。

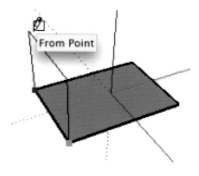

图4-11　在三维空间中绘制矩形

若不能锁定圆的参考平面，可以在数值控制框中指定圆的片段数，确定方位后，再移动光标到圆心所在位置，单击确定圆心位置，这也将锁定圆的定位，从圆心往外移动光标来定义圆的半径，如图 4-12 所示。最后单击鼠标左键结束画圆命令。

（2）圆的片段数。SketchUp 中，所有的曲线，包括圆，都是由许多直线段组成的。

用圆工具绘制的圆，实际上是由直线段围合而成的。虽然圆实体可以像一个圆那样进行修改，挤压的时候也会生成曲面，但本质上还是由许多小平面拼成的。所有的参考捕捉技术都是针对片段的。

圆的片段数较多时，圆看起来就比较平滑。较小的片段数值结合柔化边线和平滑表面也可以取得圆润的几何体外观。

（3）指定精确的数值。画圆的时候，圆的相关值会在数值控制框中动态显示，数值控制框位于绘图窗口的右下角。

① 指定半径。确定圆心后，直接在键盘上输入需要的半径长度并按回车键确定，输入时可以使用不同的单位，也可以在画好圆后再输入数值来重新指定半径。

② 指定片段数。刚激活圆工具，还没绘制时，数值控制框显示的是"边"。确定圆心后，数值控制框显示的是"半径"，这时直接输入的数就是半径。若要指定圆的片段数，可在输入的数值后加上字母 s，如图 4-13 所示。

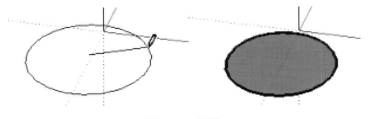

图4-12　画圆　　　　　　　　　　　　　　　　　图4-13　指定圆的片段数

4.1.4　圆弧工具

圆弧工具用于绘制圆弧实体，圆弧虽然是由多条直线段连接而成的，但可以像圆弧曲线那样进行编辑。

（1）绘制圆弧。激活圆弧工具，单击视图场景中的任意位置，确定圆弧的起点，再次单击视图场景中的选定位置，确定圆弧的终点，移动光标调整圆弧的凸出距离，也可以输入确切的圆弧的弦长、凸距、半径、片段数。

（2）画半圆。调整圆弧的凸距时，圆弧会临时捕捉到半圆的参考点，如图 4-14 所示。

（3）画相切的圆弧。从开放的边线端点开始画圆弧，在选择圆弧的第二个点时，圆弧工具会显示一条青色的切线圆弧。单击第二个点后，移动光标打破切线参考并自己设定凸距。保留切线圆弧，只要在单击第二个点后不要移动光标并再次单击确定即可，如图 4-15 所示。

（4）挤压圆弧。利用推 / 拉工具，像拉伸普通的表面那样拉伸带有圆弧边线的表面。拉伸的表面成为圆弧曲面系统，如图 4-16 所示。虽然曲面系统像真实的曲面那样显示和操作，但实际上是一系列平面的集合。

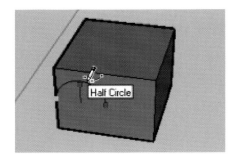 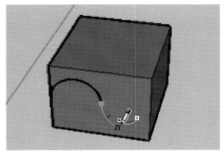 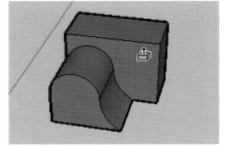

图4-14　画半圆　　　　　　　　　　图4-15　画相切的圆弧　　　　　　　　图4-16　挤压圆弧

（5）指定精确的圆弧数值。画圆弧时，数值控制框首先显示的是圆弧的弦长，然后是圆弧的凸出距离。输入数值来指定弦长和凸距。圆弧的半径和片段数要按照专门的输入格式输入。

① 指定弦长。确定圆弧的起点后，就可以输入一个数值来确定圆弧的弦长。输入负值（–1′6″）表示要绘制的圆弧在当前方向的反向位置。单击确定弦长之前指定弦长。

② 指定凸距。输入弦长以后，再为圆弧指定精确的凸距或半径。输入凸距值，按回车键确定。只要数值控制框显示"凸距"，便指定凸距。负值的凸距表示圆弧往反向凸出。

③ 指定半径。指定半径来代替凸距。要指定半径，就必须在输入的半径数值后面加上字母 r，例如"24 r"、"3′6″r"或"5 m r"，然后按回车键确定，可以在绘制圆弧的过程中或画好以后输入。

④ 指定片段数。要指定圆弧的片段数，就要输入一个数字，在后面加上字母 s，并按回车键确定，可以在绘制圆弧的过程中或画好以后输入。

4.1.5　多边形工具

多边形工具可以绘制具有 3~100 条边的外接圆的正多边形实体。多边形工具可以从工具菜单或绘图工具栏中激活。

图4-17　绘制多边形

（1）绘制多边形。激活多边形工具，在光标旁会出现一个多边形，要把多边形放在已有的表面上，可以将光标移动到该面上，SketchUp 会进行捕捉对齐。如图 4-17 所示。

（2）输入精确的半径和边数。

① 输入边数。刚激活多边形工具时，数值控制框显示的是"边数"，直接输入边数。绘制多边形的过程中或画好之后，数值控制框显示的是"半径"，如果要修改边数，就要在输入的数字后面加上字母 s，例如"8 s"表示八边形。指定好的边数会保留给下一次绘制。

② 输入半径。确定多边形中心后，输入精确的多边形外接圆半径。可在绘制的过程中或绘制好以后对半径进行修改。

4.1.6　手绘线工具

手绘线工具允许以多义线曲线来绘制不规则的共面的连续线段或简单的徒手草图物体。绘制等高线或有机体时也很有用。

（1）绘制多义线曲线。激活徒手画工具，在起点处按住鼠标左键，然后拖动鼠标进行绘制，松开鼠标左键结束绘制，如图 4-18（a）所示。

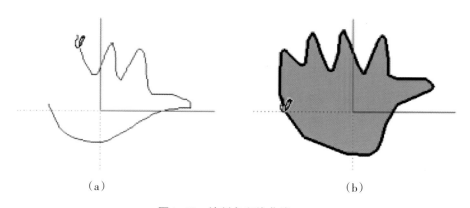

（a）　　　　　　　　　　　　　（b）

图4-18　绘制多义线曲线

用徒手画工具绘制闭合的形体，只要在起点处结束线条绘制，如图 4-18（b）所示，SketchUp 会自动闭合形体。

（2）绘制徒手曲线。徒手草图物体不能产生捕捉参考点，也不会影响其他几何体。徒手线对导入的图像进行描图、勾画草图，或者装饰模型。要创建徒手草图物体，在用徒手画工具进行绘制之前按住 Shift 键即可。要把徒手草图物体转换为普通的边线物体，只需在它的关联菜单中选择"炸开"命令即可。

4.1.7 绘图坐标轴

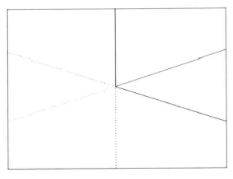

图4-19　SketchUp的绘图坐标轴

SketchUp 的绘图坐标轴是三条有颜色的线，互相垂直，在绘图窗口中显示，如图 4-19 所示。在三维坐标系中，红轴、绿轴和蓝轴分别对应 x、y、z 轴。它们以颜色来显示，在 SketchUp 中可以直接分辨轴向。此外，轴线在正方向是实线，在负方向是虚线。三条轴线的交点称为原点。

通过任意两条轴线来定义一个平面。例如，红 / 绿轴面相当于地面。在屏幕上绘图时，SketchUp 会根据视角来决定相应的作图平面。

（1）显示和隐藏坐标轴：显示绘图坐标轴，可在显示菜单中切换"显示"→"坐标轴显示"；隐藏绘图坐标轴，可以在绘图坐标轴上单击鼠标右键，在关联菜单中选择"隐藏"。

注意：SketchUp 导出图像时，绘图坐标轴会自动隐藏。

（2）重新定位坐标轴。绘图坐标轴的正常位置和朝向，相当于其他三维软件的世界坐标系，根据需要临时调整坐标轴的位置。调整步骤如下。

① 激活坐标轴工具或者在绘图坐标轴上单击鼠标右键，在关联菜单中选择"放置"。

② 在模型中移动光标，会有个红 / 绿 / 蓝坐标符号跟随。这个坐标符号可以对齐到模型的参考点上。

③ 将光标移动到要放置新的坐标原点的位置，可以使用参考捕捉来精确定位，单击确定。

④ 拖动光标来放置红轴，使用参考捕捉来准确对齐，单击确定。

⑤ 拖动光标来放置绿轴，使用参考捕捉来准确对齐，单击确定。这样就重新给坐标轴定位了，蓝轴会自动垂直于新的红 / 绿轴面。

（3）重设坐标系。恢复坐标轴的默认位置，在绘图坐标轴上单击鼠标右键，在关联菜单中选择"重设"。

（4）对齐绘图坐标轴到一个表面上。在一个表面上单击鼠标右键，在关联菜单中选择"对齐坐标轴"。

（5）对齐视图到绘图坐标轴。对齐视图到绘图坐标轴的红 / 绿轴面上，在斜面上精确作图时，这是很有用的。在绘图坐标轴上单击鼠标右键，在关联菜单中选择"对齐视图"。

（6）相对移动和相对旋转。快速准确地相对于绘图坐标轴的当前位置来移动和 / 或旋转绘图坐标轴。

4.1.8 隐藏

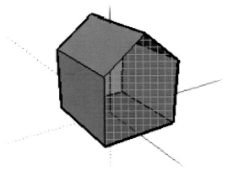

图4-20　显示隐藏的几何体

要简化当前视图显示，或者想看到物体内部并在其内部工作，有时候可以将一些几何体隐藏起来。隐藏的几何体不可见，但是它仍然在模型中，需要时可以重新显示。

（1）显示隐藏的几何体。激活显示菜单下的"网格显示隐藏物体"可以使隐藏的物体部分可见："显示"→"网格显示隐藏物体"。激活以后，看到选择和显示隐藏的物体，如图 4-20 所示。

（2）隐藏和显示实体。SketchUp 中的任何实体都可以被隐藏，包括组、组件、辅助物体、坐标轴、图像、剖切面、文字和尺寸标注。SketchUp 提供了一系列的方法来控制物体的显示。

① 编辑菜单。用选择工具选中要隐藏的物体，然后选择编辑菜单中的"隐藏"命令。相关命令还有"显示""显示上次"和"全部显示"。

② 关联菜单。将光标放在实体上单击鼠标右键，在弹出的关联菜单中选择"显示或隐藏"。

③ 删除工具。使用删除工具的同时，按住 Shift 键，可以将边线隐藏。

④ 对象属性。每个实体的属性对话框中都有一个隐藏确认框。将光标放在实体上单击鼠标右键，在弹出的关联菜单中选择"属性"。隐藏确认框位于"一般设置"标签下。

⑤ 隐藏绘图坐标轴。SketchUp 的绘图坐标轴是绘图辅助物体，不能像几何实体那样选择隐藏。要隐藏坐标轴，可以在显示菜单中取消"坐标轴显示"。将光标放在坐标轴上单击鼠标右键，在关联菜单中选择"隐藏"。

⑥ 隐藏剖切面。剖切面的显示和隐藏是全局控制。使用剖面工具栏或工具菜单来控制所有剖切面的显示和隐藏，在菜单项中选择"工具"→"剖面"→"显示剖切面"。

4.1.9　模型交错

在 SketchUp 中，使用布尔运算可以很容易地创造出复杂的几何体。在此选项中，可以将两个几何体交错，例如一个盒子和一根管子，然后自动在相交的地方创造边线和新的面。这些面可以被推、拉或者删除，用以创造新的几何体。布尔运算在关联菜单中或者编辑菜单中激活。

（1）创造复杂的几何体。使用布尔运算创造复杂的几何体，其步骤如下。

① 创造两个不同的几何体，例如一个盒子和一根管子。

② 移动管子，使之以任意方式完全插入盒子中，如图 4-21（a）和图 4-22（a）所示。注意：在管子与盒子相交的地方没有边线。

③ 选择管子。

④ 将光标放在选中的管子上，单击鼠标右键。

⑤ 从关联菜单中选择"模型交错"，这时会在盒子与管子相交的地方产生边线，如图 4-21（b）所示。

⑥ 删除或者移动不需要的管子的部分，如图 4-21（c）所示。注意：SketchUp 会在相交的地方创造新的面。

（2）使用模型和组交错。在 SketchUp 中，模型交错会创造所有的新边线，如图 4-22（b）所示。例如，如果交错实体中有一个是组，当编辑组的时候选择"模型交错"，交错线就会出现在组上面，如图 4-22（c）所示。

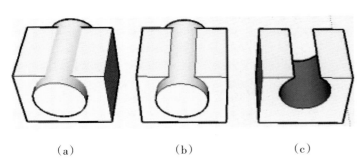

（a）　　　　　　（b）　　　　　　（c）

图4-21　创造复杂的几何体

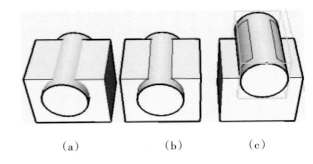

（a）　　　　　　（b）　　　　　　（c）

图4-22　SketchUp中模型和组交错

4.2
常用工具的应用

4.2.1 擦除工具

擦除工具可以直接删除绘图窗口中的边线、辅助线，以及其他的物体。它的另一个功能是隐藏和柔化边线。

（1）删除几何体。激活擦除工具，单击想删除的几何体，按住鼠标不放，然后在那些要删除的物体上拖过，被选中的物体会亮显，放开鼠标就可以全部删除。如果选中了不想删除的几何体，可在删除之前按 Esc 键取消这次的删除操作。如果光标移动过快，可能会漏掉一些线，可以把光标移动得慢一点，重复拖曳的操作，就像用橡皮擦那样。

提示：要删除大量的线，更快的做法是先用选择工具进行选择，然后按键盘上的 Delete 键删除。也可以选择编辑菜单中的"删除"命令来删除选中的物体。

（2）隐藏边线。使用擦除工具的时候，按住 Shift 键，就不是删除几何体，而是隐藏边线。

（3）柔化边线。使用擦除工具的时候，按住 Ctrl 键，就不是删除几何体，而是柔化边线。同时按住 Ctrl 和 Shift 键，就可以用擦除工具取消边线的柔化。

4.2.2 移动工具

移动工具可以用来移动、拉伸和复制几何体，也可以用来旋转组件。

（1）移动几何体。用选择工具指定要移动的元素或物体。激活移动工具。单击确定移动的起点。移动光标，选中的物体会跟着移动。一条参考线会出现在移动的起点和终点之间，数值控制框会动态显示移动的距离。可输入一个距离值。最后，单击鼠标确定。

① 选择和移动。如果在没有选择任何物体的时候激活移动工具，移动光标会自动选择光标处的任何点、线、面或物体。但是，用这种方法一次只能移动一个实体。另外，用这种方法，点取物体的点会成为移动的基点。

如果想精确地将物体从一个点移动到另一个点，先用选择工具来选中需要移动的物体，然后用移动工具来指定精确的起点和终点。

② 移动时锁定参考。在进行移动操作之前或移动的过程中，按住 Shift 键来锁定参考。这样可以避免参考捕捉受到别的几何体的干扰。

③ 移动组和组件。移动组件实际上只是移动该组件的一个关联体，不会改变组件的定义，除非直接对组件进行内部编辑。如果一个组件吸附在一个表面上，移动的时候它会继续保持吸附，直到移出这个表面才断开连接。吸附组件的副本仍然不变。

（2）复制。先用选择工具选中要复制的实体，再激活移动工具。进行移动操作之前，按住 Ctrl 键，进行复制。在结束操作之后，注意新复制的几何体处于选中状态，原物体则处于取消选择状态。用同样的方法继续复制下一个，或者使用多重复制来创建线性阵列。

（3）创建线性阵列（多重复制）。首先按（2）的方法复制一个副本。复制之后，输入一个复制份数来创建多个副本，如图 4-23 所示。例如输入"2×"（或"*2"）就会复制 2 份。另外，输入一个等分数来等分副本到原物体之间的距离。例如输入 "5/"（或 "/5"）会在原物体和副本之间创建 5 个副本。在进行其他操作之前，持续输入复制的份数以及复制的距离。

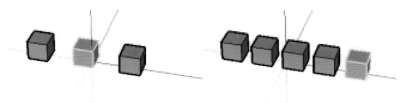

图4-23　创建线性阵列

（4）拉伸几何体。当移动几何体上的一个元素时，SketchUp 会按需要对几何体进行拉伸。这个方法需要移动点、边线以及表面。例如图 4-24 所示的表面可以向红轴的负方向移动或向蓝轴的正方向移动。

移动线段来拉伸一个物体，如图 4-25 所示，所选线段往蓝轴正方向移动，形成了坡屋顶。

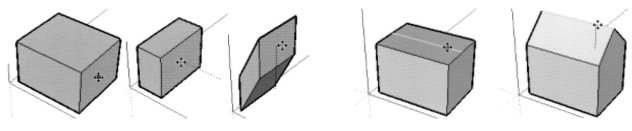

图4-24　移动元素拉伸物体　　　　　　　　　　图4-25　移动线段拉伸物体

如果一个移动或拉伸操作会产生不共面的表面，SketchUp 会将这些表面自动折叠。在任何时候按住 Alt 键，强制开启自动折叠功能。

（5）输入准确的移动距离。移动、复制、拉伸时，数值控制框会显示移动的距离长度，长度值采用参数设置对话框中的单位标签里设置的默认单位。

① 输入移动距离。在移动中或移动后，输入新的移动距离，按回车键确定。如果只输入数值，SketchUp 会使用当前文件的单位设置为输入的数值指定单位，例如英制的 "3′ 6″" 或者公制的 "3.652 m"，SketchUp 也会自动换算单位。输入负值 "−35 cm" 表示向光标移动的反方向移动物体。

② 输入三维坐标。除了输入距离长度，SketchUp 也可以按准确的三维坐标来确定移动的终点。使用 ［］ 或 <> 符号，可以指定绝对坐标或相对坐标。绝对坐标 ［x，y，z］ 是相对于当前绘图坐标轴，如图 4-26 所示。相对坐标 <x，y，z> 是相对于起点，如图 4-27 所示。

图4-26　绝对坐标　　　　　　　　　　图4-27　相对坐标

注意：坐标的具体格式依赖于计算机系统的区域设置。对于一些欧洲用户，分隔符号是分号，那坐标格式就应该是 ［x；y；z］。

③ 输入多重复制的线性阵列数值。按住 Ctrl 键进行移动复制时，通过键盘输入来实现多重复制。例如输入 "3×" 或 "*3" 会复制 3 份。使用等分符号 "3/" 或 "/3"，也会复制 3 份，但副本是将原物体和第一个副本之间的距离等分。在进行其他操作之前，持续输入复制的份数以及复制的距离。

4.2.3　旋转工具

在 SketchUp 中，可以在同一旋转平面上旋转物体中的元素，也可以旋转单个或多个物体。如果是旋转某个物体的一部分，旋转工具可以将该物体拉伸或扭曲。

（1）旋转几何体。用选择工具选中要旋转的元素或物体，激活旋转工具，在模型中移动光标时，光标处会出现一个旋转量角器，如图 4-28（a）所示，该量角器可以对齐到边线和表面上。按住 Shift 键来锁定量角器的平面定位。在旋转的轴点上单击放置量角器，如图 4-28（b）所示，利用 SketchUp 的参考特性来精确地定位旋转中心。然后，点取旋转的起点，移动光标开始旋转，如图 4-28（c）所示。如果开启了参数设置中的角度捕捉功能，在量角器范围内移动光标时有角度捕捉的效果，光标远离量角器时就可以自由旋转了。旋转到需要的角度后，单击鼠标确定，再输入精确的角度和环形阵列值。

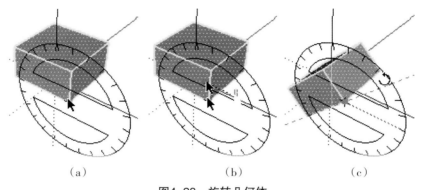

（a） （b） （c）

图4-28　旋转几何体

提示：在没有选择物体的情况下激活旋转工具，旋转工具按钮显示为灰色，并提示选择要旋转的物体，选好物体以后，可以按 Esc 键或旋转工具按钮重新激活旋转工具。

当只选择物体的一部分时，旋转工具也可以用来拉伸几何体，如图 4-29 所示。如果旋转会导致一个表面被扭曲或变成非平面，将激活 SketchUp 的自动折叠功能，如图 4-30 所示。

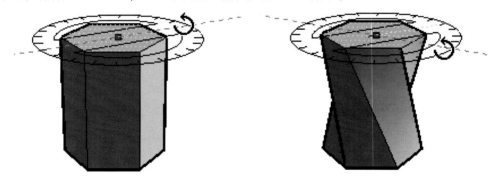

图4-29　SketchUp的旋转拉伸功能　　　　图4-30　SketchUp的自动折叠功能

（2）旋转复制。和移动工具一样，旋转前按住 Ctrl 键可以开始旋转复制。

（3）利用多重复制创建环形阵列。用旋转工具复制好一个副本后，用多重复制来创建环形阵列，如图 4-31 所示。和线性阵列一样，可以在数值控制框中输入复制份数或等分数。例如，旋转复制后输入"5×"表示复制 5

图4-31　创建环形阵列

份；使用等分符号"5/"表示复制 5 份，并等分原物体和第一个副本之间的旋转角度。在进行其他操作之前，持续输入复制的份数以及复制的角度。

（4）输入精确的旋转值。进行旋转操作时，旋转的角度会在数值控制框中显示。在旋转的过程中或旋转之后，可以输入一个数值来指定角度。

① 输入旋转角度。要指定一个旋转角度的度数，输入数值即可。输入负值表示向当前指定方向的反方向旋转。

② 输入多重复制的环形阵列值。按住 Ctrl 键进行旋转复制之后，输入复制份数或等分数来进行多重复制。

4.2.4　缩放工具

缩放工具可以缩放或拉伸选中的物体。

（1）缩放几何体。使用选择工具选中要缩放的几何体元素，激活比例工具，单击缩放夹点并移动鼠标来调整所选几何体的大小。不同的夹点支持不同的操作。注意：拖曳鼠标会捕捉整倍缩放比例，如 1.0、2.0 等，也会捕捉".5"倍的增量，如 0.5、1.5 等。数值控制框会显示缩放比例，在缩放之后输入一个需要的缩放比例值或缩放尺寸。

① 缩放可自动折叠的几何体。SketchUp 的自动折叠功能会在所有的缩放操作中自动起作用。SketchUp 会根据需要创建折叠线来保持平面的表面。

② 缩放二维表面或图像。二维的表面和图像可以像三维几何体那样进行缩放。缩放一个表面时，比例工具的边界盒只有八个夹点，可以结合 Ctrl 键和 Shift 键来操作这些夹点，方法和三维边界盒类似。

缩放处于红 / 绿轴平面上的一个表面时，边界盒只是一个二维的矩形。如果缩放的表面不在当前的红 / 绿轴平面上，边界盒就是一个三维的几何体。对表面进行二维的缩放，可以在缩放之前先对齐绘图坐标轴到表面上。

③ 缩放组件和组。缩放组件和群组与缩放普通的几何体是不同的。在组件外对整个组件进行外部缩放并不会改变它的属性定义，只是缩放了该组件的一个关联组件而已，该组件的其他关联组件保持不变。这样可以得到模型中的同一组件的不同缩放比例的版本。如果在组件内部进行缩放，就会修改组件的定义，导致所有的关联组件都会相应地进行缩放。可以直接对组进行缩放，因为组没有相关联的组。

（2）缩放 / 拉伸选项。除了等比缩放，还可以进行非等比缩放，即一个或多个维度上的尺寸以不同的比例缩放。非等比缩放也可以看作拉伸。

选择相应的夹点来指定缩放的类型，图 4-32 中，比例工具显示所有可能用到的夹点，有些隐藏在几何体后面的夹点在光标经过时就会显示出来，而且也是可以操作的。打开 X 光透视显示模式，就可以看到隐藏的夹点。

① 对角夹点。对角夹点可以沿所选几何体的对角方向缩放。默认行为是等比缩放。在数值控制框中显示一个缩放比例或尺寸。

② 边线夹点。边线夹点同时在所选几何体的对边的两个方向上进行缩放。默认行为是非等比缩放，物体将变形。数值控制框中显示两个用逗号隔开的数值。

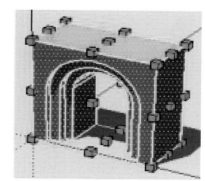

图4-32　各种可能的夹点

③ 表面夹点。表面夹点沿着垂直面的方向在一个方向上进行缩放，默认行为是非等比缩放，物体将变形。数值控制框中显示和接受输入一个数值。

（3）缩放修改键。

① 中心缩放。按 Ctrl 键进行中心缩放。

② 夹点缩放。夹点缩放的默认行为是以所选夹点的对角夹点作为缩放的基点，但是，在缩放的时候也可以按住 Ctrl 键来进行中心缩放。如图 4-33 所示。

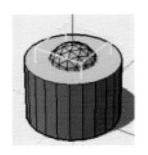
（a）开始缩放

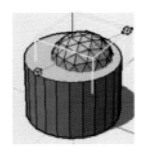
（b）默认行为

（c）用 Ctrl 键锁定为中心缩放

图4-33　夹点缩放

③用 Shift 键可以切换等比缩放。虽然在推敲形体的比例关系时，边线和表面上夹点的非等比缩放功能是很有用的，但有时候保持几何体的等比缩放也是很有必要的。

在非等比缩放操作中，按住 Shift 键，这时就会对整个几何体进行等比缩放而不是拉伸变形，如图 4-34 所示。同样的，在使用对角夹点进行等比缩放时，可以按住 Shift 键切换到非等比缩放。同时按住 Ctrl 键和 Shift 键，可以切换到所选几何体的等比 / 非等比的中心缩放。

（a）小树

（b）操作顶面的夹点

（c）用 Shift 键锁定为等比例

图4-34　用Shift键切换等比缩放

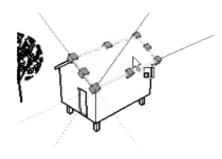

图4-35　坐标轴工具控制缩放的方向

（4）使用坐标轴工具控制缩放的方向。先用坐标轴工具重新放置绘图坐标轴，然后就可以在各个方向进行精确的缩放控制。重新放置坐标轴后，比例工具就可以在新的红 / 绿 / 蓝轴方向进行定位和控制夹点方向，如图 4-35 所示。这也是在某一特定平面上对几何体进行镜像的便利方法。

（5）使用测量工具进行全局缩放。比例工具可以缩放模型的一部分，另外，还可以用 SketchUp 的测量工具来对整个模型进行全局缩放。

（6）输入精确的缩放值。要指定精确的缩放值，可以在缩放的过程中或缩放以后，通过键盘输入数值。

①输入缩放比例。直接输入不带单位的数值即可。2.5 表示缩放 2.5 倍。–2.5 也表示缩放 2.5 倍，但会往夹点操作方向的反方向缩放。这可以用来创建镜像物体，但缩放比例不能为 0。

②输入尺寸长度。除了缩放比例，SketchUp 可以按指定的尺寸长度来缩放。输入一个数值并指定单位即可。例如，输入"2′ 6″"表示将长度缩放到 2 英尺 6 英寸，输入"2 m"表示缩放到 2 米。

③镜像：反向缩放几何体。通过往负方向拖曳缩放夹点，比例工具可以用来创建几何体镜像。注意：缩放比例会显示为负值（–1，–1.5，–2），输入负值的缩放比例和尺寸长度来强制物体镜像。

④输入多重缩放比例。数值控制框会根据不同的缩放操作来显示相应的缩放比例。一维缩放需要一个数值；二维缩放需要两个数值，用逗号隔开；等比例的三维缩放只要一个数值就可以，但非等比的三维缩放需要三个数值，分别用逗号隔开。

在缩放的时候，在选择的夹点和缩放的点之间有一条虚线。这时可以输入单个缩放比例或尺寸来调整这条虚线方向的缩放比例或尺寸，而忽略当前的比例模式（1D，2D，3D）。

要在多个方向进行不同的缩放，可以输入用逗号隔开的数值。缩放尺寸是基于整个边界盒，而不是基于单个物体。如果缩放时需要基于特定的边线或已知距离来缩放物体，可以使用测量工具。

4.2.5 推 / 拉工具

推 / 拉工具可以用来扭曲和调整模型中的表面，可以用来移动、挤压、结合和减去表面，不管是用来进行体块研究还是精确建模，都是非常有用的。

注意：推 / 拉工具只能作用于表面，不能在线框显示模式下工作。

（1）使用推 / 拉工具。激活推 / 拉工具后，有两种使用方法可以选择：①在表面上按住鼠标左键，拖曳，松开；②在表面上单击，移动鼠标，再单击确定。

根据几何体的不同，SketchUp 会进行相应的几何变换，包括移动、挤压或挖空。对推 / 拉工具，可以配合 SketchUp 的捕捉参考进行使用。

推 / 拉值会在数值控制框中显示。推 / 拉的过程中或推 / 拉之后，输入精确的推 / 拉值进行修改。在进行其他操作之前可以一直更新数值。输入负值，表示往当前的反方向推 / 拉。

（2）用推 / 拉来挤压表面。推 / 拉工具的挤压功能可以用来创建新的几何体，如图 4-36 所示。推 / 拉工具几乎可以对所有的表面进行挤压（不能挤压曲面）。

（3）重复推 / 拉操作。完成一个推 / 拉操作后，通过双击鼠标对其他物体自动应用同样的推 / 拉操作数值。

注意：在地面（红 / 绿色面）创造出一个面时，SketchUp 将把这个面视为该建筑物的地面。这个面的前方指向下面，后面指向上面。因此，朝上（沿蓝轴）拉一个面（绿色）时，实

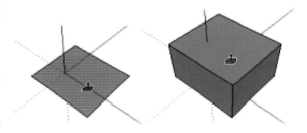

图4-36 用推/拉工具创建新的几何体

际上是从这个面的后面向上拉，蓝色的面会被临时指派成"地面下"方向。完成此项操作后，双击鼠标会重复此项操作或者回到开始操作的那个面。

（4）使用推 / 拉工具挖空。如果要在一面墙或一个长方体上画了一个闭合形体，用推 / 拉工具往实体内部推拉，可以挖出凹洞，如果前后表面相互平行的话，可以将其完全挖空，SketchUp 会减去挖掉的部分，重新整理三维物体，从而挖出一个空洞，如图 4-37 所示。

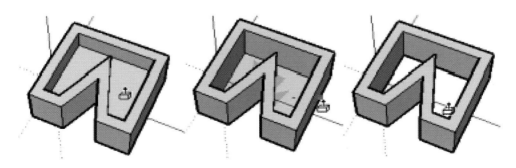

图4-37 用推/拉工具挖空

（5）使用推 / 拉工具垂直移动表面。使用推 / 拉工具时，按住 Ctrl 键，强制表面在垂直方向上移动，如图 4-38 所示。这样可以使物体变形，或者避免不需要的挤压，同时也会屏蔽自动折叠功能。

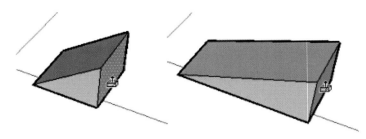

图4-38 用推/拉工具垂直移动平面

4.2.6 路径跟随工具

用随手画工具绘制一条边线/线条，然后使用放样工具沿此路径挤压成面。尤其是在细化模型时，在模型的一端画一条不规则或者特殊的线，然后沿此路径放样即可。

注意：在使用放样工具时，路径和面必须在同一个环境中。

（1）沿路径手动挤压成面。使用放样工具手动挤压成面，其步骤如下。

① 确定需要修改的几何体的边线。这个边线就叫路径。

② 绘制一个沿路径放样的剖面。确定此剖面与路径垂直相交（图4-39（a））。

③ 从工具菜单里选择放样工具，单击剖面。

④ 移动鼠标沿路径修改。在 SketchUp 中，沿模型移动指针时，边线会变成红色（图4-39（b））。为了使放样工具在正确的位置开始，在放样开始时，必须单击邻近剖面的路径。否则，放样工具会在边线上挤压，而不是从剖面到边线。

⑤ 到达路径的尽头时，单击鼠标，执行放样命令（图4-39（c））。

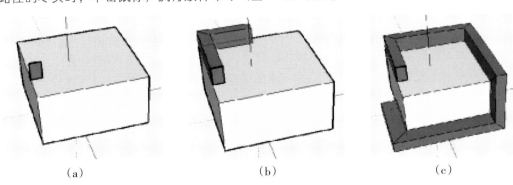

（a）　　　　　　　　　　　　（b）　　　　　　　　　　　　（c）

图4-39 沿路径手动挤压成面

使用选择工具预先选择路径，可以帮助放样工具沿正确的路径放样：选择一系列连续的边线；选择放样工具；单击剖面。该剖面将会一直沿预先选定的路径挤压。

（2）自动沿某个面路径挤压另一个面。最简单和最精确的放样方法是自动选择路径。放样工具自动沿某个面路径挤压另一个面，其步骤如下。

① 确定需要修改的几何体的边线。这个边线就叫路径。

② 绘制一个沿路径放样的剖面。确定此剖面与路径垂直相交（图4-40（a））。

③ 在工具菜单中选择放样工具，按住 Alt 键，单击剖面。

④ 从剖面上把光标移到将要修改的表面，路径将会自动闭合（图4-40（b））。

注意：如果路径是由某个面的边线组成，可以选择该面，然后放样工具自动沿面的边线放样。

（3）制作旋转面。使用放样工具沿圆路径创造旋转面，其步骤如下。

① 绘制一个圆，圆的边线作为路径。

② 绘制一个垂直圆的表面（图4-41（a））。该面不需要与圆路径相交。

③ 使用上述方法沿圆路径放样（图4-41（b））。

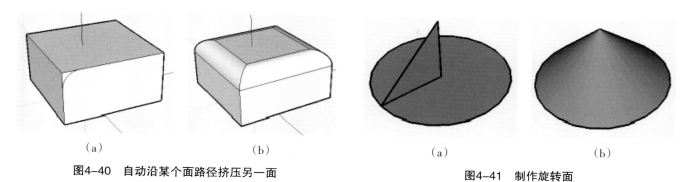

（a）　　　　　　　　　　（b）

图4-40　自动沿某个面路径挤压另一面

（a）　　　　　　（b）

图4-41　制作旋转面

4.2.7　偏移工具

偏移工具可以对表面或一组共面的线进行偏移复制。将表面边线偏移复制到源表面的内侧或外侧，偏移之后会产生新的表面。

（1）面的偏移。用选择工具选中要偏移的表面（一次只能给偏移工具选择一个面），激活偏移工具，单击所选表面的一条边，光标会自动捕捉最近的边线。拖曳光标来定义偏移距离，偏移距离会显示在数值控制框中。单击鼠标确定，创建出偏移多边形，如图 4-42 所示。

注意：在选择几何体之前就激活偏移工具，但这时会先自动切换到选择工具，选好几何体后，单击"偏移"按钮或按 Esc 键或回车键，可以回到"偏移"命令。

（2）线的偏移。选择一组相连的共面的线来进行偏移。用选择工具选中要偏移的线。选择两条以上的相连的线，而且所有的线必须处于同一平面上。用 Ctrl 键和 / 或 Shift 键来进行扩展选择。激活偏移工具，在所选的任一条线上单击，光标会自动捕捉最近的线段。拖曳光标来定义偏移距离。单击鼠标确定，创建出一组偏移线，如图 4-43 所示。

注意：在线上单击并按住鼠标进行拖曳，然后在需要的偏移距离处松开鼠标；当对圆弧进行偏移时，偏移的圆弧会降级为曲线，我们将不能按圆弧的定义对其进行编辑。

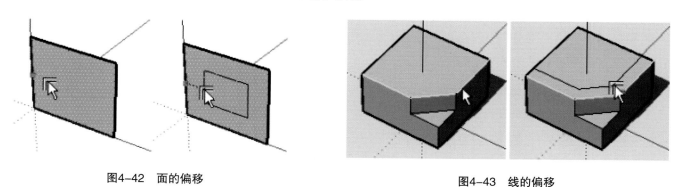

图4-42　面的偏移

图4-43　线的偏移

（3）输入准确的偏移值。进行偏移操作时，绘图窗口右下角的数值控制框会以默认单位来显示偏移距离。在偏移过程中或偏移之后输入数值来指定偏移距离。

输入一个偏移值，并按回车键确定。如果输入一个负值，则表示往当前偏移的反方向进行偏移。

当用鼠标来指定偏移距离时，数值控制框是以默认单位来显示长度的，也可以输入公制单位或英制单位的数值，SketchUp 会自动进行单位换算，其中，负值表示往当前的反方向偏移。

4.2.8　卷尺工具

卷尺工具可以执行一系列与尺寸相关的操作。包括测量两点间的距离、创建辅助线、缩放整个模型。

（1）测量距离。激活测量工具，单击测量距离的起点，可以用参考提示确认点取了正确的点，也可以在起点处按住鼠标，然后往测量方向拖动。鼠标会拖出一条临时的"测量带"线。"测量带"类似于参考线，当其平行于坐标轴时会改变颜色。当移动鼠标时，数值控制框会动态显示"测量带"的长度。单击鼠标确定测量的终点，最后测得的距离会显示在数值控制框中。

不需要一定在某个特定的平面上测量，测量工具可以测出模型中任意两点的准确距离。

（2）创建辅助线和辅助点。辅助线在绘图时非常有用。可以用工具在参考元素上单击，然后拖出辅助线。例如，从在边线上的参考开始，可以创建一条平行于该边线的无限长的辅助线。从端点或中点开始，可以创建一条端点带有十字符号的辅助线段。

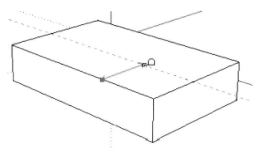

图4-44　创建辅助线

激活测量工具，在要放置平行辅助线的线段上单击。然后移动鼠标到放置辅助线的位置。再次单击，创建辅助线，如图 4-44 所示。

（3）缩放整个模型。这个功能非常方便，可以在粗略的模型上研究方案，如果需要更精确的模型比例时，只要重新制定模型中两点的距离即可。不同于 CAD，SketchUp 可以让我们专注于体块和比例的研究，而不用担心精确性，直到需要的时候再调整精度。

① 缩放模型。激活测量工具，单击作为缩放依据的线段的两个端点。这时不会创建出辅助线，它会对缩放产生干扰。数值控制框会显示这条线段的当前长度。通过键盘输入一个调整比例后的长度，按回车键，出现一个对话框，询问是否调整模型的尺寸，选择"是"，模型中所有的物体都按指定的调整长度和当前长度的比值进行缩放。

② 组件的全局缩放。缩放模型的时候，所有从外部文件插入的组件不会受到影响。这些外部组件拥有独立于当前模型的缩放比例和几何约束。不过，那些在当前模型中直接创建和定义的内部组件会随着模型缩放。

我们可以在对组件进行内部编辑时重新定义组件的全局比例。由于改变的是组件的定义，因此所有的关联组件会跟着改变。

4.2.9　量角器工具

量角器工具可以测量角度和创建辅助线。

（1）测量角度。测量角度的步骤如下。

① 激活量角器工具，出现一个"量角器"（默认对齐红 / 绿轴平面），中心位于光标处。

② 在模型中移动光标时，会发现量角器会根据旁边的坐标轴和几何体而改变自身的定位方向。可以按住 Shift 键来锁定自己需要的量角器定位方向，另外，按住 Shift 键也会避免创建出辅助线。

③ 把量角器的中心设在要测量的角的顶点上，根据参考提示确认是否指定了正确的点。单击鼠标确定。

④ 将量角器的基线对齐到测量角的起始边上，根据参考提示确认是否对齐到适当的线上。单击鼠标确定。

⑤ 拖动鼠标旋转量角器，捕捉要测量的角的第二条边。光标处会出现一条绕量角器旋转的点式辅助线，单击完成角度测量。角度值会显示在数值控制框中。

（2）创建角度辅助线。创建角度辅助线的步骤如下。

① 激活量角器工具。

② 捕捉辅助线将经过的角的顶点，单击放置量角器的中心。

③ 在已有的线段或边线上单击，将量角器的基线对齐到已有的线上。

④ 出现一条新的辅助线，移动光标到相应的位置。角度值会在数值控制框中动态显示。

量角器有捕捉角度，可以在参数设置的单位标签中进行设置。当光标位于量角器图标之内时，会按预测的捕捉角度来捕捉辅助线的位置。如果要创建非预设角度的辅助线，只要让光标离远一点即可。

⑤ 再次单击放置辅助线。角度可以通过数值控制框输入，输入的值可以是角度（例如：34.1°），也可以是斜率（例如：1∶6），在进行其他操作之前可以持续输入修改。

（3）锁定旋转的量角器。按住 Shift 键可以将量角器锁定在当前的平面定位上。这可以结合参考锁定同时使用。

（4）输入精确的角度值。用量角器工具创建辅助线的时候，旋转的角度会在数值控制框中显示。可以在旋转的过程中或完成旋转操作后，输入一个旋转角度。

① 输入一个角旋转值。输入新的角度，按回车键确定，也可以输入负值表示往当前方向的反方向旋转。

② 输入角度。直接输入十进制数就可以了，输入负值表示往当前光标指定方向的反方向旋转。例如输入"34.1"表示 34.1 度的角。我们可以在旋转的过程中或完成旋转操作后输入一个旋转角度。

③ 输入斜率。用冒号隔开两个数来输入斜率（角的正切），例如"8∶12"。输入负的斜率表示往当前鼠标指定方向的反方向旋转。

4.2.10 坐标轴工具

坐标轴工具允许我们在模型中移动绘图坐标轴。使用这个工具，可以在斜面上方便地建构矩形物体，也可以更准确地缩放那些不在坐标轴平面内的物体。

重新定位坐标轴的具体操作如下。

① 激活坐标轴工具。激活坐标轴工具后，光标处会附着一个红 / 绿 / 蓝坐标符号，可以在模型中捕捉参考对齐点。

② 移动光标到要放置新坐标系的原点。通过参考工具的提示来确认光标是否放置在了正确的点上，若正确，则单击鼠标确定。

③ 通过移动光标来对齐红轴的新位置。利用参考提示来确认是否正确对齐，若正确，则单击鼠标确定。

④ 通过移动光标来对齐绿轴的新位置。利用参考提示来确认是否正确对齐，若正确，则单击鼠标确定。

这样就重新定位好坐标轴了。蓝轴垂直于红 / 绿轴平面。

4.2.11 尺寸标注工具

如图 4-45 所示，利用尺寸标注工具可以对模型进行尺寸标注。

SketchUp 中的尺寸标注是基于 3D 模型的，边线和点都可用于放置标注。适合的标注点包括端点、中点、边线上的点、交点，以及圆或圆弧的圆心。

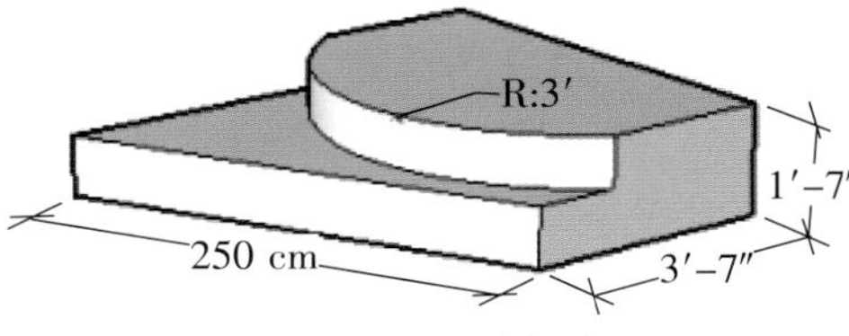

在进行标注时，有时需要旋转模型以便让标注处于需要表达的平面上。

所有标注的全局设置可以在参数设置对话框中的尺寸标注标签中进行。

图4-45　尺寸标注

（1）放置线性标注。在模型中放置线性标注的具体操作如下。

① 激活尺寸标注工具，分别单击要标注的两个端点。

② 移动光标拖出标注。

③ 再次单击鼠标，确定标注的位置。对一条边线进行标注时，也可以直接点取这条边线。

如果想要标注平面，可以将线性标注放在某个空间平面上，包括当前的坐标平面（红 / 绿轴平面、红 / 蓝轴平面、蓝 / 绿轴平面），或者对齐到标注的边线上。半径和直径的标注则被限制在圆或圆弧所在的平面上，只能在圆或圆弧所在的平面上移动。

（2）放置半径标注。在模型中放置半径标注的具体操作如下。

① 激活尺寸标注工具，单击要标注的圆弧实体。

② 移动光标拖出标注，再次单击鼠标确定标注的位置。

（3）放置直径标注。在模型中放置直径标注的具体操作如下。

① 激活尺寸标注工具，单击要标注的圆实体。

② 移动光标拖出标注，再次单击鼠标确定标注的位置。

在模型中，可以将直径标注转为半径标注，也可以将半径标注转为直径标注。要让直径标注和半径标注互换，可以在标注上单击鼠标右键，在显示的关联菜单中选择"类型"→"半径"或"直径"。

4.2.12 文字工具

文字工具是用来将文字物体插入模型中的工具。在 SketchUp 中，主要有两类文字：引注文字和屏幕文字。

（1）放置引注文字。放置引注文字的具体步骤如下。

① 激活文字工具，并在实体上（表面、边线、顶点、组件、群组等）单击，指定引线所指的点。

② 单击放置文字。

③ 最后，在文字输入框中输入注释文字。按两次回车键或单击文字输入框的外侧完成输入。任何时候按 Esc 键都可以取消操作。

文字可以不需要引线而直接放置在 SketchUp 的实体上，使用文字工具在需要的点上双击鼠标就可以。引线将被自动隐藏。

引线有两种主要的样式：基于视图和三维固定。基于视图的引线会保持与屏幕的对齐关系。三维固定的引线会随着视图的改变而和模型一起旋转。我们可以在参数设置对话框的文字标签中指定引线类型。

（2）放置屏幕文字。放置屏幕文字的具体步骤如下。

① 激活文字工具，并在屏幕的空白处单击。

② 在出现的文字输入框中输入注释文字。

③ 按两次回车或单击文字输入框的外侧完成输入。屏幕文字在屏幕上的位置是固定的，不受视图改变的影响。

（3）编辑文字。用文字工具或选择工具在文字上双击即可编辑，也可以在文字上单击鼠标右键弹出关联菜单，再选择"编辑文字"。

（4）文字设置。用文字工具创建的文字物体都是使用参数设置对话框的文字标签中的设置，这里包括引线类型、引线端点符号、字体类型和颜色等。

图4-46 三维文字工具对话框

4.2.13 三维文字工具

三维文字工具对话框如图 4-46 所示。

4.2.14 截面工具

截面工具用来创造剖切效果，它们在空间的位置以及与组和组件的关系决定了剖切效果的本质。我们可以给剖切面赋材质，这能控制剖面线的颜色，或者将剖面线创建为组。

（1）增加剖切面。要增加剖切面，可以用工具菜单（"工具"→"剖面"→"增加"）或者使用剖面工具栏的"增加剖切面"按钮。光标处出现一个新的剖切面后，移动光标到几何体上，剖切面会对齐到每个表面上。这时我们可以按住 Shift 键来锁定剖面的平面定位。最后在合适的位置单击鼠标左键放置。

（2）重新放置剖切面。剖切面可以和其他的 SketchUp 实体一样，用移动工具和旋转工具来操作和重新放置。在剖切面上单击鼠标右键，在关联菜单中选择"反向"，可以翻转剖切的方向。

放置一个新的剖切面后，该剖切面会自动激活。我们可以在视图中放置多个剖切面，但一次只能激活一个剖切面。激活一个剖切面的同时会自动呆化其他剖切面。

有两种激活剖切面的方法：用选择工具在剖切面上双击；在剖切面上单击鼠标右键，在关联菜单中选择"激活"。

（3）隐藏剖切面。剖面工具栏可以控制全局的剖切面和剖面的显示和隐藏，也可以使用工具菜单："工具"→"剖面"→"显示剖切面 / 剖面"。

（4）组和组件中的剖面。虽然一次只能激活一个剖切面，但是组和组件相当于模型中的模型，在它们内部还可以有各自的激活剖切面。例如，一个组里还嵌套了两个带剖切面的组，分别有不同的剖切方向，再加上这个组的一个剖切面，那么在这个模型中就能对该组同时进行四个方向的剖切。剖切面能作用于它所在的模型等级（整个模型、组、嵌套组等）中的所有几何体。

用选择工具双击组或组件，就能进入组或组件的内部编辑状态，从而能编辑组或组件内部的物体。

（5）创建剖面切片的组。在剖切面上，单击鼠标右键，在关联菜单中选择"剖面创建组"。这会在剖切面与模型表面相交的位置产生新的边线，并封装在一个组中。这个组可以移动也可以马上炸开，使边线和模型合并。这个技术能让我们快速创建复杂模型的剖切面的线框图。

（6）导出剖面。SketchUp 的剖面可以用以下几种方法导出。

① 二维光栅图像：将剖切视图导出为光栅图像文件。只要模型视图中有激活的剖切面，任何光栅图像导出都会包括剖切效果。

② 二维矢量剖面切片：SketchUp 也可以将激活的剖面切片导出为二维矢量图。导出的二维矢量剖面（DWG 和 DXF）能够进行准确的缩放和测量。

（7）使用页面。与渲染显示信息和照相机位置信息一样，激活的剖切面信息可以保存在页面中。当我们切换页面的时候，剖切效果会进行动画演示。

（8）对齐视图。在剖切面的关联菜单中选择"对齐视图"命令，我们可以把模型视图对齐到剖切面的正交视图上。结合等角轴测 / 透视模式，我们可以快速生成剖立面或一点剖透视。

4.3
插件的应用

4.3.1 插件的获取

在一些网站中可以下载 SketchUp 相关的插件，例如 sketchupbbs、sketchupbar、紫天收集、SketchUp 插件库（http：//www.suapp.me/）（图 4-47）等，可以下载各类需要的插件。

图4-47　SketchUp插件库

4.3.2　插件的安装

插件安装的具体操作如下。

（1）准备好插件文件。一般的插件文件为一个以插件名命名的文件夹与一个以插件名命名的.rb 的文件组成。

（2）找到插件安装目录。SketchUp 插件文件是存放在软件安装目录下的 Plugins 文件夹下的，具体看程序安装在哪个目录。

Windows 系统的默认位置为：

SketchUp and SketchUp Pro：C：\Program Files\Google\Google SketchUp#\Plugins

Mac OS X 系统的默认位置为：

[YOUR USER NAME]/Library/Application Support/Google SketchUp#/SketchUp/plugins

提示：有时可能需要在 SketchUp 文件夹中创建插件文件夹。因此，在 Finder 窗口中依次选择“文件”→“新建文件夹”，也可以将插件保存到 Macintosh HD 下的相同位置（Macintosh HD/Library/Application Support/Google SketchUp#/SketchUp/plugins）。但是保存在此处的插件可能会在卸载时被删除。

（3）复制插件文件。

（4）将复制的插件文件粘贴到 Plugins 文件夹下，插件便保存成功。

（5）插件已经保存好了，现在要做的就是打开 SketchUp，如图 4-48 所示（已经打开的话需要关掉 SU，重新打开）。打开 SketchUp 后，选择“窗口”→“系统设置”，如图 4-49 所示。

（6）选择“扩展”→“安装扩展程序”，如图 4-50 所示。

（7）打开下载好的插件程序（SketchUp 的插件程序一般以.rbz 结尾）。

图4-48　打开SketchUp

图4-49　选择"窗口"→"系统设置"

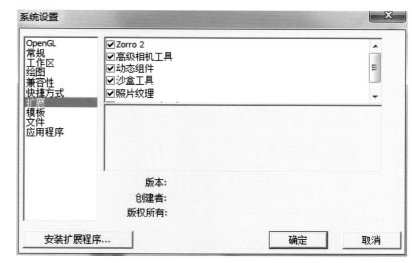

图4-50　选择"扩展"→"安装扩展程序"

（8）弹出提示对话框提示是否信任插件，一般来说，正规渠道下载的插件是可以信任的，选择"是"按钮。

（9）安装成功会有提示，选择"确定"按钮。

4.3.3　SUAPP 建筑插件集的安装与使用

SUAPP 由双鱼和麦兜等研究团队于 2007 年 10 月免费发布，改进并更新至今已逾十年，是 SketchUp 平台上应用最为广泛、兼容性优秀的功能扩展插件集。SUAPP1.X 系列作为免费推出的产品，包含上百项功能，大大增强了 SketchUp 的实用性，并且完全兼容包括最新的 SketchUp 2017 在内的所有版本。相关网站表示将保持 SUAPP1.X 系列持续更新，供 SketchUp 新手用户永久免费使用。

SketchUp 新手可以从"SketchUp 吧"免费下载 SUAPP。下载后，解压打开界面，单击安装，进入启动 SUAPP 界面，如图 4-51 所示。

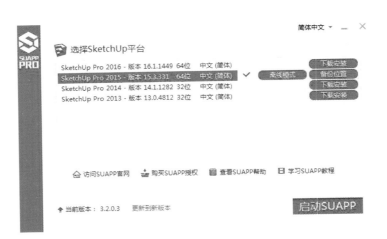

图4-51　启动SUAPP界面

（1）选择 SketchUp 平台。如果所选 SketchUp 平台后是"×"，单击鼠标改成"√"，后面的模式选择"离线模式"，然后单击"启动 SUAPP"，打开 SketchUp 软件。

（2）安装成功后进入 SUAPP 工具栏界面，把它调整到合理位置，就可以使用了。

4.3.4　联合推拉插件（JointPushPull）

自由推拉（JPP）插件在推拉方面非常实用，具有多面推拉、非垂直推拉、曲面推拉、放射推拉等 SU 原推拉功能并不具备的一些功能，解决了在曲面上开窗的推拉问题，以及曲面踏步的绘制等问题。

作为一款多功能的推拉软件，JPP 插件具有许多便利的功能，如图 4-52 所示。

图4-52　JPP的功能

（1）多面推拉——解决了 SU 中不能对多个面同时推拉的问题。

（2）非垂直推拉——解决了 SU 中只能推拉垂直面的困扰。

（3）曲面推拉——解决了 SU 中推拉曲面不定义的难题。

（4）放射推拉——解决了曲面偏移复制的问题。

插件安装完毕后，会出现如图 4-53 所示的按钮，其中，J 表示的是放射推拉，V 表示自由推拉，N 同样是放射推拉（只是没有把曲面闭合），右侧两个图标为"撤销"（Undo）和"重做"（Redo）。

图4-53 功能按钮

使用插件时，先要选定面（可以选择多个面），然后再选择推拉，此时按下 Tab 键，如图 4-54 所示。对于其他的设置不作要求，第一行选择"Keep……"项，是保持原有面，选择"Erase……"项，是删除原有面，根据需求选择；然后输入数据定义推拉的长度。值得注意的是，在选择自由推拉（V 选项）时，需要定义两个点（即初始点和最终点），选择的时候注意定位。

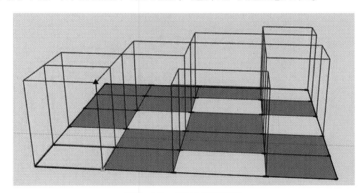

图4-54 使用JPP插件

4.3.5 三维倒角插件（RoundCorner）

RoundCorner 是一款可以对三维物体的边界直观地进行倒直角或倒圆角的操作的 SketchUp 插件，RoundCorner 的功能包括圆角模式、尖角模式及倒边模式的选择，对于非正交的形体也能进行倒角，如图 4-55 所示。

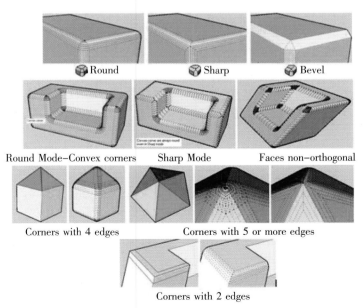

图4-55 RoundCorner插件的功能

4.3.6 细分平滑插件（Subdivide and Smooth）

使用细分平滑插件选择我们的模型并在工具菜单中单击"回路细分顺利"后，会出现一个框，询问要重复多少次细分（1，2，3或4次）。重复次数越多，模型越平滑，如图4-56所示，但也需要更长的时间，所以先尝试1次或2次细分。

我们可以选择细分对象是否具有软化和平滑的边缘。如果有一个大的模型具有很多面，平滑将需要很长时间，所以要准备等待。

平滑模型被添加到一个新层（称为 Loop_subdiv_XXXX），原始选定内容将被删除（也可以撤消该操作，将其找回）。

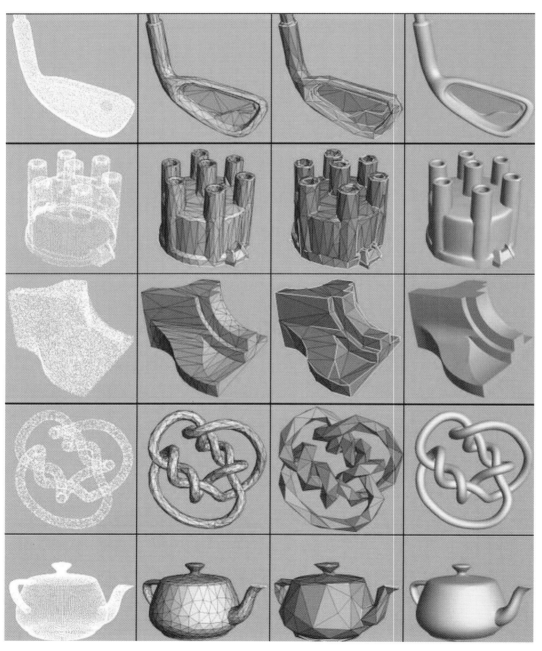

图4-56 细分平滑模型

4.3.7　曲面绘图插件（Tools On Surface）

Tools On Surface 插件是目前针对 SketchUp 软件开发的一款实用型曲面绘图工具，该插件必须配合 LibFredo6 才能使用。该插件可以非常方便地在曲面表面绘制基本形体，直接对表面进行偏移复制和编辑等高线等，如图 4-57 所示，可以帮助设计人员更好地完成产品设计。

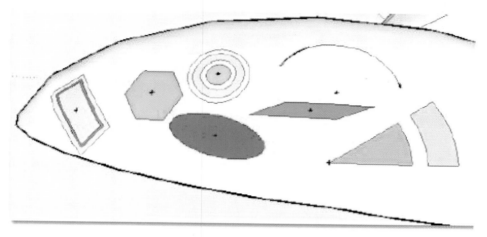

图4-57　曲面绘画插件的基本功能

4.4
图层、群组与组件的应用

4.4.1　图层的应用

SketchUp 的图层是指分配给图面组件或对象并给予名称的属性。将对象配置在不同的图层中可以更简单地控制颜色与显示状态。

SketchUp 的图层并没有将几何体分隔开来。在不同的图层里创建几何体，并不意味着这个几何体不会和别的图层中的几何体合并在一起。SketchUp 提供了分层级的组和组件来加强几何体的管理。组或组件，特别是嵌套的组或组件，比图层能更有效地管理和组织几何体。

默认"图层 0"：每个文件都有一个默认图层，叫作"图层 0"。所有分配在"图层 0"的几何体，在编辑或创建组件后，会继承组或组件所在的图层。

新建图层：要新建一个图层，只要单击图层管理器下方的"新建"按钮即可。SketchUp 会在列表中新增一个图层，可以使用默认名称，也可以修改图层名。

图层重命名：在图层管理器中选择要重命名的图层，然后单击它的名称，输入新的图层名，按回车键确定。

设置当前图层：所有的几何体都是在当前图层中创建的。要设置一个图层为当前图层，只要单击图层名前面的确认框即可。也可以使用图层工具栏来实现，在确认没有选中任何物体的情况下，在列表中选择要设置为当前图层的图层名称。

设置图层显示或隐藏：我们可以通过图层的"可见"栏来设置图层是否可见。图层可见，则显示图层中的几何体；图层不可见，则隐藏图层中的几何体，但不能将当前图层设置为不可见。

将几何体从一个图层移动到另一个图层的具体操作如下。

（1）选择要移动的物体。

（2）图层工具栏的列表框会以黄色亮显，显示物体所在图层的名称和一个箭头。如果选择了多个图层中的物体，列表框也会亮显，但不会显示图层名称。

（3）单击图层列表框的下拉箭头，在下拉列表中选择目标图层。物体就移到指定的图层中去了，同时指定的图层变为当前图层。

激活按图层颜色显示：SketchUp 可以给图层设置一种颜色或材质，以应用于该图层中的所有几何体。在创建一个新图层时，SketchUp 会给新图层分配一个唯一的颜色。如果要按图层颜色来观察模型，只要选中图层管理器下方的"按图层颜色显示"即可。

改变图层颜色：单击图层名称后面的色块，会打开材质编辑对话框，可以在这里设置新的图层颜色。

删除图层的具体操作如下。

（1）要删除一个图层，在图层列表中选择该图层，然后单击"删除"按钮。如果这个图层是空图层，SketchUp 会直接将其删除。如果图层中还有几何体，SketchUp 会提示如何处理图层中的几何体，而不会和图层一起将之删除。

（2）选择相应的操作，然后单击"删除"按钮确认即可。

清理未使用的图层：要清理所有未使用的图层（图层中没有任何物体）时，在图层管理器下方单击"清理"按钮即可。

4.4.2 群组的应用

（1）如图 4-58 所示，将三个物体组成一个群组。

（2）按住鼠标左键并拖动鼠标，选择所有物体，当所有物体显示为蓝色时，即选中，如图 4-59 所示。

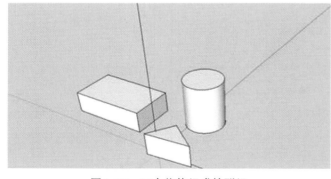
图4-58 三个物体组成的群组

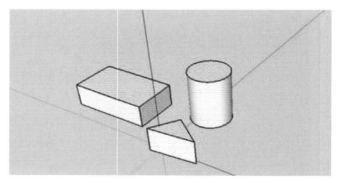
图4-59 选中所有物体

（3）选择命令栏中的"编辑"→"创建组"命令，如图 4-60 所示。

（4）创建组完成后，三个物体形成一个整体，只要单击其中任意一个即可选中所有物体，如图 4-61 所示，这样就方便对三个物体进行一样的操作，这里以三个物体都填充红色为例。

（5）如图 4-62 所示，按 B（填充），选择红色。

（6）单击三个物体的其中一个，整体填充效果如图 4-63 所示。

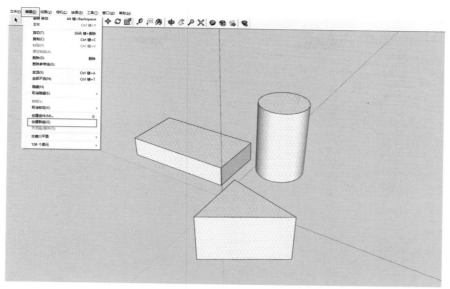

图4-60   "编辑"→"创建组"命令

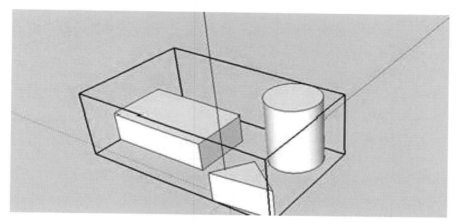

图4-61   三个物体形成一个整体

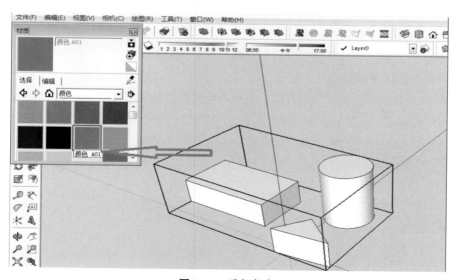

图4-62   选择颜色

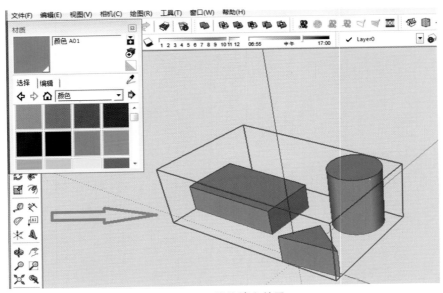

图4-63 整体填充效果

4.4.3 组件的应用

（1）群组和组件类似，但比较简单。总体来说，群组有以下优点：

① 快速选择。选择一个群组时，群组内所有的元素都将被选中。

② 几何体隔离。群组可以使组内的几何体和模型与其他几何体分隔开来，这意味着不会被其他几何体修改。

③ 组织模型。可以把几个群组再编为一个群组，创建一个分层级的群组。

④ 改善性能。用组群来划分模型，可以使 SketchUp 更有效地利用计算机资源，意味着更快的绘图和显示操作。

⑤ 组的材质。分配给群组的材质会由组内使用默认材质的几何体继承，而指定了其他材质的几何体则保持不变，可以快速地给某些特定的表面上色。（炸开组可以保留替换了的材质）

（2）组件是将一个或多个几何体的集合定义为一个单位，使之可以像一个物体那样进行操作。组件与群组类似，但组件在与其他用户或其他 SketchUp 组件之间共享数据时更为方便。组件就是一个 SketchUp 文件，可以放置或插到其他的 SketchUp 文件中。组件可以是独立的物体，如家具（桌子和椅子）等；也可以是关联物体，如门窗等。组件的尺寸和范围不是预先设定好的，也是没有限制的。组件除了包括组的材质、组织、区分、选集等特点外，组件还提供以下功能：

① 关联行为。编辑一组关联组件中的一个时，其他所有的关联组件也会同步更新，即可以同时编辑整个图案，大大地减少错误和不对称的情况。

② 组件库。SketchUp 附带一系列预设组件库，也可以创建自己的组件库，并和他人分享。

③ 文件链接。组件只存在于创建它们的文件中（内部组件），或者可以将组件导出用到别的 SKP 文件中。

④ 组件替换。用别的 SKP 文档的组件来替换当前文档的组件，这样可以进行不同细节等级的建模和渲染。

⑤ 特殊的对齐行为。组件可以对齐到不同的表面上和 / 或在组件与表面相交的剪切位置开口。组件还可以有自己内部的绘图坐标轴。

4.4.4 创建组件

（1）打开 SketchUp，如图 4-64 所示，以桌椅为例，我们可以看到，现在的桌椅模型是一个分散的单体。如果要让图 4-64 所示的四个单体成为一个整体，就有必要创建一个组件。

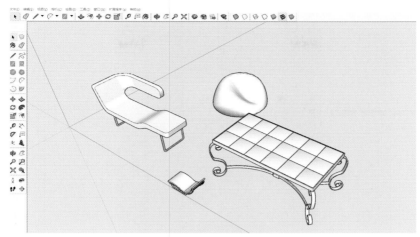

图4-64　分散的桌椅模型

（2）按住 Ctrl 键，再用鼠标分别单击模型中的四个单体，使四个单体的总外围出现如图 4-65 所示的蓝色立方体边框，然后松开 Ctrl 键。

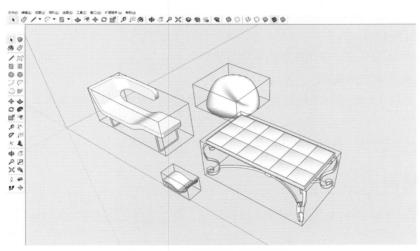

图4-65　单击模型中的四个单体

（3）单击菜单栏中的"编辑"，再单击"创建组件"（快捷键为 G 键），如图 4-66 所示。

（4）出现创建组件面板，填写要创建组件的名称，默认名为"桌椅组合"，然后进行组件描述，最后勾选"用组件替换选择内容"，如图 4-67 所示。

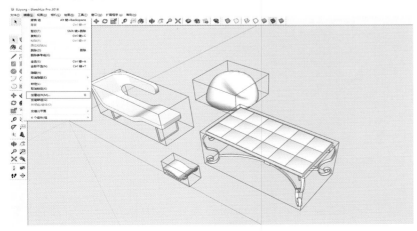

图4-66　创建组件操作

图4-67　创建组件面板

（5）按 Enter 键后即可创建一个桌椅组合组件，此时单击模型便会出现大的立方体边框（图 4-68）。

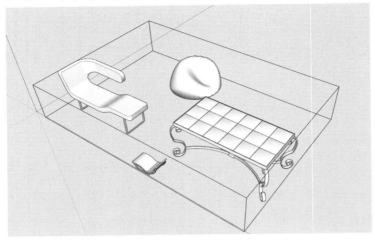

图4-68　桌椅组合组件

4.4.5　插入组件

插入组件的具体操作如下。

（1）找到 components 文件夹，把下载好的组件放进去。

（2）找到 SU 的安装目录，点进去。

（3）SU 导入组件之后，如果组件的材质变了，查看模型大小，以及单位设置是否有问题（可能是模型尺寸太大了或者太小了）。

（4）应该把贴图一并导过去，存到与导入后 cad 文件相同的文件夹。

4.4.6　编辑组件

在插入组件操作的基础上，我们对着模型单击鼠标右键，出现如图 4-69 所示的选项，选择"编辑组件"。

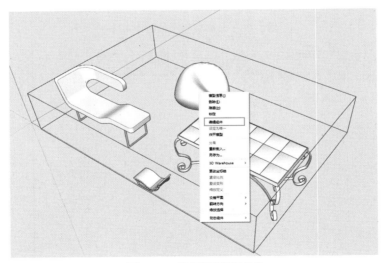

图4-69　选择"编辑组件"

4.4.7　保存组件

编辑完成后，将光标移到组件外单击，退出编辑，会自动保存组件。

第 5 章

材质与贴图的应用

CAIZHI YU TIETU DE YINGYONG

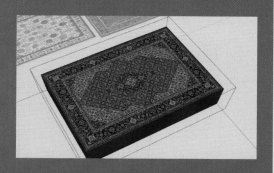

5.1
默认材质

在 SketchUp 中创建的几何体一开始会被自动赋予默认材质。这种默认材质在材质面板中显示为 X 形图样的方框。这种默认材质有一组非常有用的属性。

（1）在一个表面的正反两面上，默认材质的显示颜色是不一样的。默认材质的两面性让人更容易分清表面的正反朝向，方便在导出模型到 CAD 和其他 3D 建模软件时调整表面的法线方向。此外，正反两面的颜色可以在参数设置对话框的颜色标签中进行设置。

（2）组或组件中的元素的默认材质有很大的灵活性，可以获得赋予组或组件的材质。例如，当制作一个汽车组件时，给轮胎、缓冲器和车窗分配材质，但保留车身的默认材质不变；然后复制一系列的汽车组件，可以给这些复制的汽车组件分配不同的颜色，如图 5-1 所示，但只有使用默认材质的车身会获得赋予组件的材质。如果想要忽略边线的材质显示，可以在参数设置的渲染标签中设置"边线使用前景色"。

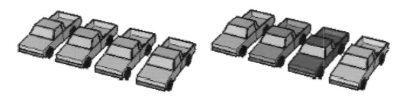

图5-1　给汽车组件分配颜色

5.2
材质编辑器

5.2.1 　"选择"选项卡

（1）显示辅助选择窗口，如图 5-2 所示。
（2）创建新的材质，如图 5-3 所示。
（3）将绘图材质调整为预设，如图 5-4 所示。
（4）扩展选项，如图 5-5 所示。

5.2.2 　"编辑"选项卡

单击 SketchUp 界面上的任意一个颜色样本或者激活油漆桶工具，都可以激活颜色吸取器（比如模型属性对话框中的颜色吸取器）。

图5-2　显示辅助选择窗口

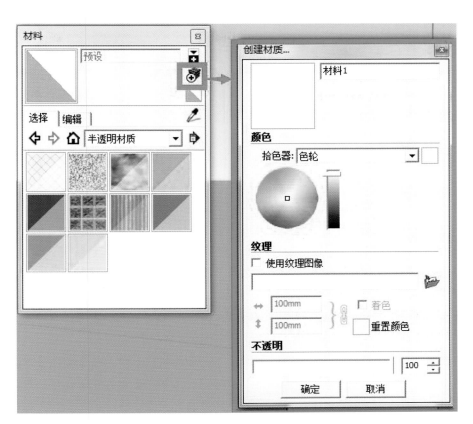

图5-3　创建新的材质

图5-4　将绘图材质调整为预设

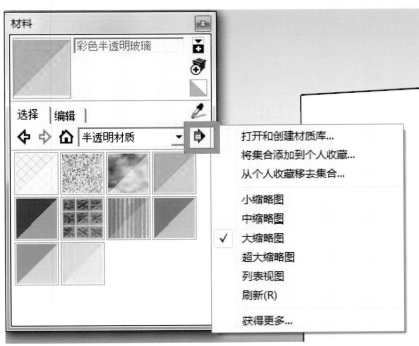

图5-5　扩展选项

在 SketchUp 中，有四种颜色系统：颜色盘、灰度级、RGB 和 HSB。可以从选择颜色对话框最上面的菜单中选择其中任意一种颜色系统。

1. 颜色盘

可以从颜色盘上选择任意一种颜色。还可以按住鼠标左键，然后沿颜色盘拖曳光标，便可以快速浏览许多不同的颜色。在颜色吸取器的顶部有一个动态的选中颜色预览。颜色盘将多种不同的颜色都编辑在盘上。如果想要改变颜色的明亮度，可以将光标沿着盘子四周滑动。

2. 灰度级

灰度级颜色吸取器是从灰度级颜色中取色。使用灰度级颜色吸取器取色调出不同的颜色，直到调出想要的颜色，也可以直接输入一个灰度值百分数，或者从五个预设的灰度值中选择一个。

3. RGB（红色、绿色、蓝色）

RGB 颜色吸取器可以从 RGB 色板中取色。RGB 颜色是电脑屏幕上最传统的颜色，代表着人类眼睛所能识别的颜色。RGB 有一个很宽的颜色范围，是 SketchUp 最有效的颜色吸取器。

使用 RGB 颜色吸取器，向左或者向右移动光标，选择组成颜色（红色、绿色和蓝色），直到找到想要的颜色。为了能得到正确的颜色，每个背景颜色都会改变，这样就可以得到正确的混合色。如果想要混合出一种精确的颜色，在数值栏中输入红色、绿色或者蓝色的准确的百分比数值即可。

4. HSB（色相、饱和度、亮度）

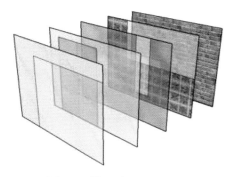

像颜色盘一样，HSB 颜色吸取器可以从 HSB 色板中取色。HSB 将会提供一个更加直观的颜色模型。使用 HSB 颜色吸取器调整色相、饱和度和亮度之间的比例，直到得到想要的颜色。

有时，HSB 和其他的颜色吸取器的结合使用可以很容易地得到混合色。也就是说，先用其他的颜色吸取器得到一个大致的颜色，然后再利用 HSB 颜色吸取器得到一个精确的颜色。

在 SketchUp 中，材质的透明度可以设置为 0 到 100%，给面赋予透明材质就可以使之变得透明，如图 5-6 所示。

SketchUp 中的任何材质都可以通过材质编辑器设置透明度。控制材质的透明属性的全局显示的设置在参数设置对话框的渲染标签中。

图5-6　给面赋予透明材质

5.3
填充材质

填充工具是用于给模型中的实体分配材质（颜色和贴图）的。利用填充工具可以给单个元素上色，也可以填充一组相连的面，或者置换模型中的某种材质。

5.3.1　应用材质

（1）激活填充工具后，便会自动打开材质编辑器。材质面板可以游离或吸附于绘图窗口的任意位置。激活的材质显示在材质面板的左上角，其中，显示的 X 形图样表示当前材质是默认材质。

（2）单击标签中的材质样本就可以改变当前材质。"材质库"标签显示的是保存在材质库中的材质，在材质面板的下拉框中可以选择不同的材质库。"模型中"标签显示的是当前模型的材质。

（3）在面板中选好需要的材质后，移动光标到绘图窗口中，此时，光标显示为一个油漆桶，在要上色的物体元素上单击就可赋予该元素材质。如果先用选择工具选中多个物体元素，就可以同时给所有选中的物体元素上色。

5.3.2　填充的修改快捷键

利用 Ctrl、Shift、Alt 修改键，填充工具可以快速地给多个面同时分配材质。这些修改键可以加快设计方案的材质推敲过程。

（1）单个填充。利用填充工具可以给单击选中的单条线或单个面赋予材质。如果先用选择工具选中了多个物体元素，那就可以同时给所有选中的物体元素上色。

（2）邻接填充（Ctrl）。在填充一个面时，按住 Ctrl 键，就可以同时填充与所选面相邻接并且使用相同材质的所有面，如图 5-7 所示。如果先用选择工具选中多个物体元素，那么，邻接填充操作便会被限制在选集之内。

（3）替换材质（Shift）。在填充一个面时，按住 Shift 键，就可以用当前材质替换所选面的材质，模型中所有使用该材质的物体元素都会同时改变材质，如图 5-8 所示。如果先用选择工具选中多个物体元素，那么替换材质操作便会被限制在选集之内。

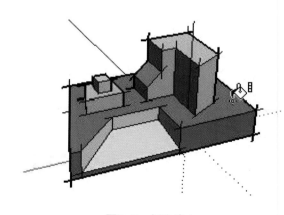

图5-7　邻接填充

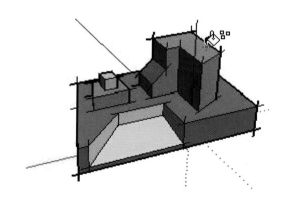

图5-8　替换材质

（4）邻接替换（Ctrl+Shift）。在填充一个面时，同时按住 Ctrl 键和 Shift 键，就可以实现上述（2）、（3）两种操作的组合效果，即填充工具会替换所选面的材质，但替换的对象限制在与所选表面有物理连接的几何体中。

如果先用选择工具选中多个物体元素，那么邻接替换操作会被限制在选集之内。

（5）提取材质（Alt）。在激活填充工具时，按住 Alt 键，再单击模型中的实体，就能提取该实体的材质，如图 5-9 所示。提取的材质会被设置为当前材质，然后就可以用这种材质来填充需填充的物体元素。

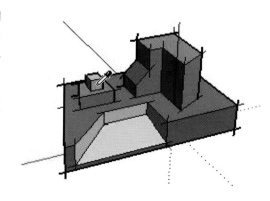

图5-9　提取材质

5.3.3　给组或组件上色

在给组或组件上色时，是将材质赋予整个组或组件，而不是其内部的元素。组或组件中所有分配了默认材质的元素都会获得赋予组或组件的材质，而那些分配了特定材质的元素（例如图 5-1 中汽车的挡风玻璃、缓冲器和轮胎）则会保留原来的材质不变。如果将组或组件炸开，那些使用默认材质的元素的材质就会固定下来。

5.4
贴图的应用

SketchUp 中的贴图是作为平铺图像应用的，也就是说，在上色的时候，图案或者图形可以垂直或者水平地应用于任何实体。SketchUp 中的贴图坐标有两种模式：锁定别针和自由别针。此外，贴图坐标可以在图像上进行特殊的操作，例如，将一幅画上色于某个角落或者在一个模型上着色。

注意：贴图坐标能有效运用于平面，比如，虽然不能将材质整个赋予到一个曲面上，但是，可以通过显示隐藏几何体，将材质分别赋给组成曲面的面。

5.5
贴图坐标

5.5.1　锁定别针模式

1. 锁定别针模式的应用

如图 5-10 所示，选中要修改的面，单击鼠标右键，然后在弹出的菜单里选择"纹理"→"位置"，进入默认的锁定别针模式。对于锁定别针模式，每一个别针都有一个固定而且特有的功能。当固定一个或者更多的别针的时候，锁定别针模式可以按比例缩放、歪斜、剪切和扭曲贴图。在贴图上单击，可以确保锁定别针模式被选中。每个别针都有一个邻近的图标，如图 5-11 所示，这些图标代表着可以应用于贴图的不同功能。使用这些功能时，单击或者拖曳图标及其相关的别针，这些功能只存在于锁定别针模式。

注意：单击选中别针，可以将别针移动到贴图上不同的位置。所移动到的新位置将是应用所有锁定别针模式的起点。此操作在锁定别针模式和自由别针模式都有。

锁定别针模式在密集贴图如砖块和瓦片贴图中尤其有用。

在编辑过程中，按住 Esc 键，可以使贴图恢复到前一个位置。按 Esc 键两次可以取消整个贴图坐标的操作。在贴图坐标中，在任何时候都可以单击鼠标右键，在相关菜单中选择"返回"，从而恢复到前一个操作。

完成贴图修改后，单击鼠标右键，选择"完成"，或者在贴图外单击关闭，或者在完成后按回车键。

2. 锁定别针选项

（1）█▓▓ 移动图标和别针。拖曳（单击并按住）移动图标或者别针来重设贴图。完成贴图修改后，单击鼠标右键，选择"完成"，或者在贴图外单击关闭，或者在完成后按回车键。

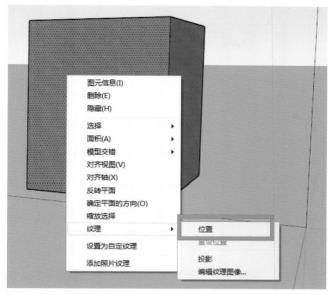

图5-10　进入别针模式的操作

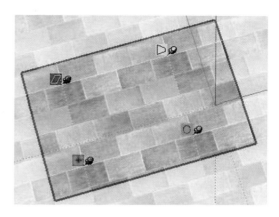

图5-11　锁定别针模式

（2）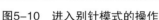 按比例缩放 / 旋转图标和别针。在锁定别针位置的移动别针基础上，拖曳按比例缩放 / 旋转图标或者别针可以将贴图以任意角度按比例缩放 / 旋转。无论光标拖得越近还是越远，该别针都将按比例缩放贴图。在旋转贴图时，会出现一个虚线的圆弧。如果把光标放置在虚线弧的上面，贴图会旋转，但是不会按比例缩放。

注意：沿着虚线段和虚线弧的原点，显示了系统参数图像的现在尺寸和原始尺寸。如果想恢复原始尺寸，可以在关联菜单中选择重置。但选择重置的时候，会把旋转和按比例缩放都重置。

（3） 按比例缩放 / 剪切图标和别针。拖曳按比例缩放 / 剪切图标或别针可以同时倾斜或者剪切和调整贴图。

注意：在此项操作的过程中，按比例缩放 / 剪切图标和别针都是固定的。

（4） 扭曲图标和指针。拖曳扭曲图标或别针可以对材质进行透视修改。此项功能在将图像照片应用到几何体时非常有用。

5.5.2　自由别针模式

取消固定图钉选项时，贴图坐标便进入自由别针模式，如图 5-12 所示。自由别针模式适合设置和消除照片的扭曲。在自由别针模式下，别针之间都不互相限制，这样就可以将别针拖曳到任何位置，以扭曲材质，就像弄歪放在鼓上面的皮一样。

注意：单击选中别针，可以将别针移动到贴图上不同的位置。移动到的新位置是应用所有自由别针模式的起点。此操作在锁定别针模式和自由别针模式都有。

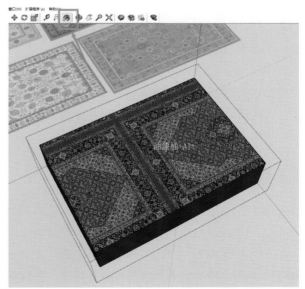

图5-12　取消固定图钉操作

5.6
贴图的技巧

5.6.1 转角贴图

图5-13 转角贴图

贴图可以被包裹在角落，就像包一个包裹一样，给角落包上贴图，如图5-13所示，具体操作如下。

（1）给模型插入图像。

（2）单击图像的关联菜单，选择"作为材质使用"。

（3）按住 Alt 键，使用着色工具，改用滴管工具。

（4）在材质面板的"模型颜色"中，单击样本贴图。

（5）单击模型的面，将贴图着色至此面。

（6）右击已着色的贴图，选择"贴图"→"坐标"命令。

（7）完成（6）的操作后，不设置任何东西，再次右击该着色贴图，选择"完成"命令即可。

（8）使用滴管工具给剩下的模型着色上样本贴图，这样，材质就包裹了整个角落。

5.6.2 圆柱体的无缝贴图

贴图可以包裹在圆筒上，例如，将一个贴图，比如一个图像，包裹在一个圆筒上，具体操作如下。

（1）创建一个圆筒。

（2）下载一个光栅图像，选择"文件"→"插入"→"图像"命令。

（3）将图像放在圆筒前面。

（4）确定图像的大小，使其足够覆盖整个圆筒。

（5）单击图像的关联菜单，选择"作为材质使用"。

（6）图像作为新材质将会出现在材质面板的模型栏中。

（7）单击材质面板中的材质，材质就会自动包裹在圆筒上，如需包裹整个模型，重复此项操作即可。

5.6.3 投影贴图

有时，贴图并不完整，如出现破面，就需要用到投影贴图，投影贴图的具体操作如下。

（1）选择菜单栏中的"视图"→"隐藏物体"（注：有的版本是"隐藏几何体"），如图5-14所示。

（2）任意选取一个面，单击鼠标右键，在弹出的关联菜单中选择"纹理"→"投影"（注：如果是组件或者群组，光标一定要进入物体内部进行操作，关联菜单中才会显示"纹理"选项），如图5-15所示。

（3）单击油漆桶工具，按住 Alt 键，拾取刚刚调整过的面，如图5-16所示。

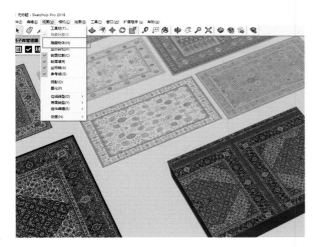

图5-14　隐藏物体的操作

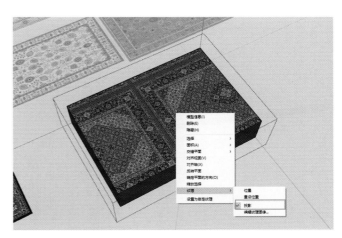

图5-15　投影操作

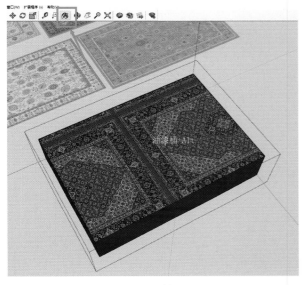

图5-16　拾取面

图5-17　重新赋予材质

（4）双击（或框选）选中物体所有的面，单击油漆桶工具，重新赋予材质，如图 5-17 所示。

（5）在菜单栏中选择"视图"，在其快捷菜单中取消"隐藏物体"的勾选，如图 5-18 所示。

图5-18　取消隐藏物体

第 6 章

场景与动画的应用

CHANGJING YU DONGHUA DE YINGYONG

扫码查看
教学视频

6.1
场景及"场景"管理器

图6-1 **"场景"管理器**

场景是对于出图极为重要的一个功能。"场景"管理器是通过"窗口"→"场景"命令打开的。每个场景都能保存图 6-1 所示的信息。

通过建立不同场景，控制不同图层、剖面的开启与关闭，以及为每个场景分配不同的样式，就能使一个 SketchUp 文件中包含平、立、剖、透视、轴测等图纸样式。对于方案概念阶段的汇报，直接用剖切工具剖出平面、剖面来出图，还是比较实用的。一般情况下，直接用 SketchUp 出图比用 AutoCAD 画要高效些。

建立场景是通过固定的场景来使 SketchUp 线稿和 Kerkythea 渲染图能够对应得上。

6.2
动画

6.2.1 幻灯片演示

Sketchup 中制作动画的方式和幻灯片演示非常接近，都是通过不同的帧（场景）的过渡动画加以串联，而 SU 场景间的过渡动画连贯，拼合在一起显得非常自然。但为了避免在建筑中出现"穿堂入室"的情形，场景之间应尽量靠近。

6.2.2 导出 AVI 格式的动画

导出动画文件的具体操作如下。

（1）在菜单栏中选择"文件"→"导出"→"动画"，如图 6-2 所示。

（2）开启"输出动画"对话框。

（3）可以按当前设置保存，也可以单击"选项"按钮进入"动画导出选项"对话框。

导出动画时，可以在"动画导出选项"对话框中调整导出动画的属性，如图 6-3 所示。

帧尺寸（宽×长）：控制每帧画面的尺寸，以像素为单位。一般设置为"320×240"，可以在 CD 播放机上播放，也可转为录像带。"640×480"是全屏幕的帧画面尺寸，能提供较高的压缩率。对于大于"640×480"的尺

图6-2　导出动画文件

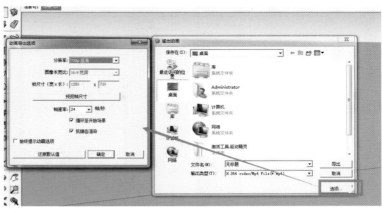

图6-3　动画导出选项

寸设置，除非有特别需要，不然不建议采用。

图像长宽比：锁定每一帧动画图像的高宽比。4：3 的比例是电视屏幕、大多数计算机屏幕和 1950 年之前的电影屏幕的标准。16：9 的比例是宽银幕显示标准，数字电视屏幕、等离子电视屏幕等采用这种标准。

帧速率：指定每秒产生的帧画面数。帧率和渲染时间以及视频文件大小成正比。8~10 帧/秒的设置是画面连续的最低要求，12~15 帧/秒的设置既可以控制文件的大小也可以保证流畅播放，24~30 帧/秒的设置相当于全速播放了。这是大致的分界线，但我们也可以根据自己的需要来设置帧率，例如设置 3 帧/秒来渲染一个粗糙的测试动画。

一些程序或设备要求特定的帧率，例如，美国和一些其他国家要求电视帧率为 29.97 帧/秒；在欧洲，要求电视帧率为 25 帧/秒，要求电影帧率为 24 帧/秒；等等。

循环至开始场景：产生额外的动画从最后一个场景倒退到第一个场景，可以用于创建无限循环的动画。

抗锯齿渲染：开启后，SketchUp 会对导出图像做平滑处理，需要更多的导出时间，但可以减少图像中的线条锯齿。

始终提示动画选项：在创建视频文件之前总是先显示"动画导出选项"对话框，如图 6-4 所示。

6.2.3　批量导出页面图像

批量导出页面图像的操作如图 6-5 所示。

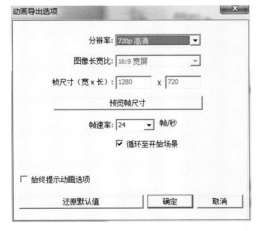

图6-4　"动画导出选项"对话框

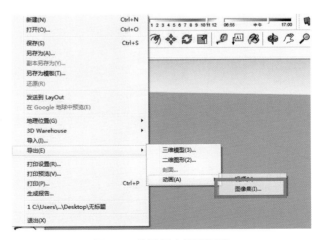

图6-5　批量导出页面图像

第 7 章

规划类地形

GUIHUALEI DIXING

7.1

规划类地形的制作思路

7.1.1 AutoCAD 文件的导入与导出

选择"文件"→"导入"，将文件类型改为 AutoCAD 文件类型，如图 7-1 所示，然后找到需要导入的文件。值得注意的是，利用天正画的物件无法导入 SketchUp 中，需要先将其转换为 t3 格式。

如图 7-2 所示，"导入 AutoCAD DWG/DXF 选项"对话框中的选项可按照需要进行设置。

图7-1　导入文件类型设置

图7-2　导入AutoCAD文件选项设置

将 CAD 文件导入 SU 后，首先通过简单地描一描线段，使该文件生成面，然后通过推推拉拉操作建立一个 3D 模型。这个过程听起来确实令人兴奋，但是这样工作的效果实际上取决于导入的 CAD 图的质量。如果导入的 CAD 图有带有极短的线段、转角处两条线没有相交、一条线和另外一条看上去平行实际上离平行差一点点等问题。这些问题都会成为我们建立模型的绊脚石，似乎应该说是成为钢针，因为这些问题小得让我们很难察觉和纠正。在 CAD 制图中过分详细的分层方法或者是重叠的线等，都是在 SU 中建立模型所不需要的。

在导出图像时，推荐按如下步骤进行操作。

（1）将 CAD 文件导入 SU 后，马上按 Ctrl+A 键，选中所有导入的线图，用炸开命令炸开 CAD 图中所有的块。

（2）将所有线归到一层。

（3）选中所有线，单击鼠标右键，在弹出的关联菜单中选择"实体属性（Entity Info）"，将所有线的材质设置为默认材质。

（4）将这些线编为一个组。

（5）使用清理命令："窗口"→"模型信息"→"统计"，再选择弹出的对话框下方的"清理（Purge Used）"选项。

（6）纠正所有目前产生的模型错误："窗口"→"模型信息"→"统计"，再选择弹出的对话框下方的"纠错（Fix Problems）"选项。

（7）在导入的 CAD 图中编成的组上单击鼠标右键，选择"锁定（Lock）"选项。锁定这个组后，就不容易误删误改底图了。

（8）在底图上面重新描一遍所有的线图。

导出时，选择"文件"→"导出"→"二维图形"命令，如图 7-3 所示。同样，对导出的图像的文件类型改为 AutoCAD 文件类型，如图 7-4 所示。

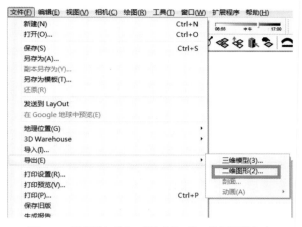

图7-3　选择"文件"→"导出"→"二维图形"命令

图7-4　导出文件类型设置

7.1.2　二维图形的导入与导出

二维图形导入和导出步骤与 AutoCAD 图的相同，选择对应的二维图形格式即可，例如 JPG、PNG 等。但是在导出时要注意按照需要的尺寸导出，如图 7-5 所示，如果想要高分辨率的图像，就要务必记得按比例对应修改图像的宽度和高度，避免图像变形。

7.1.3　三维模型的导入与导出

导出三维模型时选择"文件"→"导出"→"三维模型"命令，如图 7-6 所示。三维模型的导入与导出也非常简单，但是由于不同的建模软件其机制不一样，相互导入时存在很多格式问题，此时需要按照自己的模型做出取舍。

图7-5　导出JPG选项设置

图7-6　选择"文件"→"导出"→"三维模型"命令

Rhino 5 已经可以直接导出 skp 格式文件，其中，材质图层可以保留，在 Rhino 中的块也可以转换成 SU 中的组件，但是其他部分包括 Rhino 中的 group 则无法保留。在 SU 中，Rhino 的 group 都是以炸开的形式存在的，这对于后续在 SU 中进行修改是非常不利的。

3DS 格式则和 skp 格式完全不同，3DS 格式的文件没有办法继承除材质外的任何信息，但是其最有利的好处是，在 SU 中，3DS 格式文件中的块各个部分都是以组件（不是群组）的形式存在，这个好处对于继续编辑非常有帮助；但是由于 3DS 格式的文件无法继承 Rhino 中的块的关系，即便在 SU 中，块还是组件的形式，但它们互相之间仍是完全独立的组件。

如果想保证曲面的形状，可以用 dea 格式导出。用 DWG 格式和 DXF 格式不能导出曲面，只能把曲面转换成网格导出。

7.2
整理与导出图纸

7.2.1　整理图纸

一般我们在建模前拥有的图纸可分为图片和 CAD 图纸两种类型，涉及比较准确的建模时，都是需要 CAD 图纸作为基础的。将 CAD 图纸导入 SU 进行建模前有如下几项值得注意的事情。

（1）删除所有不必要的填充。

（2）确保所有线闭合。

（3）有圆弧的地方要格外注意，因为导入 SU 后，圆弧会分段，此时会出现在 CAD 中与之相交的线在 SU 中不再相交。

（4）对于重复的物体，比如灯具，在 CAD 中做好块，导入 SU 后，就会成为组件，极大地提高建模速度。

（5）如果是平面 CAD 图形，最好运行一遍 "Z0" 插件（将图形 z 轴归零），确保所有图形 z 轴为 0；或者手动归零。手动归零的步骤是：①按住 Ctrl+A 键，将画面全选，使用移动（m_）命令，输入第一点位置 "0，0，0" 并确定，然后输入第二点位置 "0，0，1e99" 并确定；②按住 Ctrl+A 键，将画面全选，使用移动（m_）命令，输入第一点位置 "0，0，1e99" 并确定，然后输入第二点位置 "0，0，–1e99" 并确定；③使用移动（m_）命令，输入第一点位置 "0，0，–1e99" 并确定，然后输入第二点位置 "0，0，0" 并确定。这样 z 轴就归零了，其原理是将问题点全部移至正无穷，再移至负无穷，最后再移回到原点坐标。

（6）对于庞大场景，最好将 CAD 提前分开，如道路、绿植、建筑、铺装，分成同一个文件中的不同位置的图形，再找一个共同的参考点，比如以某个红线的端点作为参考点，导入 SU，分别成组后，用参考点对齐这些部件，就很容易将场景组合起来。

（7）SU4.0 以前的版本，需要导入英文目录下的英文名的 CAD 文件。

（8）导出 CAD 文件前，建议运行一次 pu 命令，删除不必要的资料。

7.2.2　绘制外围地形

将所需绘制的地形外围范围绘制出来，删除多余的地形信息，如图 7–7（a）所示，并合并相应图层，只保留道路、水系和建筑外轮廓，如图 7-7（b）所示。

（a）

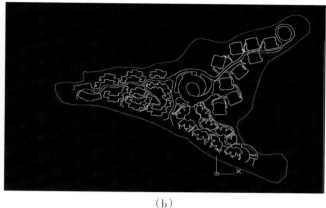
（b）

图7-7　绘制外围地形

7.2.3　导出图纸

将整理好的地形图纸选择"天正建筑"→"图形导出"命令导出，导出 t3 文件，如图 7-8 所示。

7.3

导入图纸与创建地形

7.3.1　导入图纸

打开 SU，导入图纸，如图 7-9 所示。

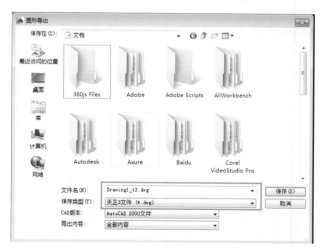

图7-8　导出t3文件

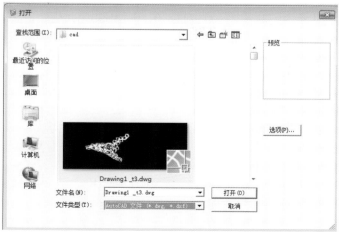

图7-9　导入图纸

7.3.2 创建地形

在 SU 中，创建地形的步骤如下。

（1）在封面外围地形中，根据等高线绘制地形高度，如图 7-10 所示。

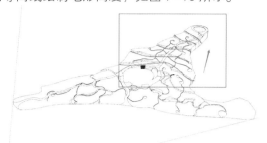

图7-10　绘制地形高度

（2）将道路线投影至地形平面，绘制主要道路与次要道路，如图 7-11 所示。

图7-11　绘制主要道路与次要道路

（3）将水系投影至地形平面，绘制水系并填充材质。

（4）细化道路高差与道路细节，如图 7-12 所示。

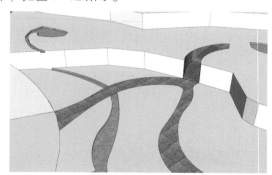

图7-12　细化道路高差与道路细节

（5）完成地形模型制作，如图 7-13 所示。

（6）完成地形材质贴图，增加场地细节与建筑细节，如图 7-14 所示。

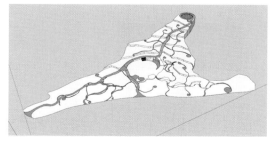

图7-13　制作地形模型

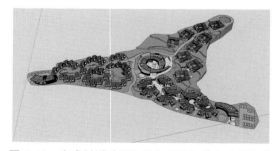

图7-14　完成材质贴图和增加场地细节与建筑细节

第 8 章

咖啡厅室内建模案例

KAFEITING SHINEI JIANMO ANLI

扫码查看
教学视频

8.1

整理 CAD 图纸

8.1.1　整理步骤

在将 CAD 图纸导入 SU 之前需要对复杂的 CAD 图纸进行简化与整理。与规划类地形的复杂 CAD 图纸相比，咖啡厅室内的 CAD 图纸很少有大量复杂的曲线，图纸的整理相比而言较为简单。整理的大致步骤如下。

（1）删除不需要的信息，例如文字标注、尺寸标注、标高、填充、图名、图例等。

（2）将建模需要的信息进行分图层整理。例如可以将 SU 建模所需要的墙体信息整理在一个图层，将可以使用素材模型进行对位的家具放在另一个图层，如图 8–1 所示。这个放家具的图层在 SU 建模时不需要线段信息，只需要对位位置即可。CAD 中分好的图层在 SU 中会保留，合理地整理 CAD 中的图层会提高 SU 的建模效率与逻辑严密性，例如在同一个图层中的墙体在 SU 中可以创建成群组，方便编辑。

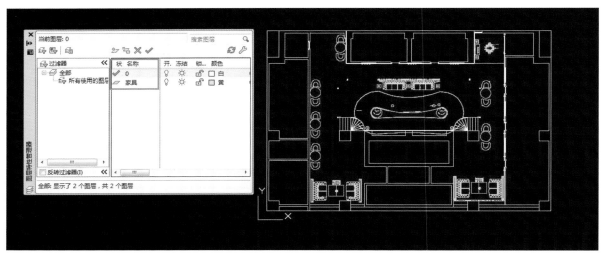

图8–1　分图层整理

8.1.2　注意事项

整理 CAD 图纸时需要注意以下几点。

（1）将模型移至坐标原点附近，防止 CAD 图纸被导入 SU 时距离坐标原点过远。

（2）检查线条是否已进行简化：将不该有的线条、重复的线条、过于繁杂的细节删除。

（3）将没有用到的图层和图块清理干净。

8.1.3　导出 t3 文件

将 CAD 图纸整理完成后，选择天正中的"文件布图"→"图形导出"命令，导出 t3 文件，如图 8–2 所示。

图8-2　导出t3文件

8.2

导入图纸并对位图纸

8.2.1　导入 t3 文件

打开 SU，选择"文件"→"导入"命令，如图 8-3 所示，在弹出的对话框中选择 t3 文件打开。

8.2.2　查看图层

打开图层管理器查看图层整理是否准确，如图 8-4 所示，检查无误后可以暂时隐藏部分图层，开始创建模型。

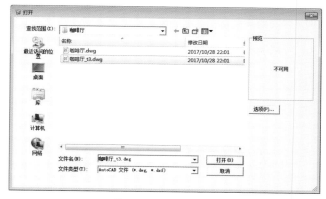

图8-3　导入t3文件

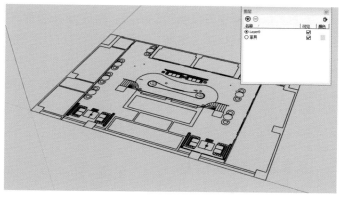

图8-4　查看图层

8.3
创建模型

8.3.1 绘制墙体

在图层管理器中隐藏 CAD 图纸的图层信息，只保留墙体与柱子信息。在 SU 中炸开所有墙体线条，进行封面，或手动描画墙体与柱子外轮廓。当线条信息较为简单、没有曲线时，手动描画墙体与柱子外轮廓的方法可行。当 CAD 图纸中线条冗杂难以处理时，用进行封面的方法较为恰当。描画完成墙体轮廓线后会自动生成面，如图 8-5（a）所示，因此，描画轮廓线时需要保证所有线条首尾相连且避免线条之间出现非 90° 的角度，防止后续模型修改出现问题。

生成面后用推拉工具将面推出一个厚度，如图 8-5（b）所示，该厚度即是咖啡厅的高度。推拉完成后选中所有墙体信息，创建成群组，方便后期材质添加。

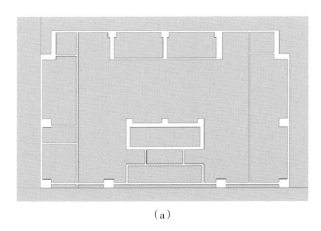

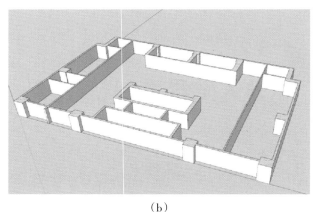

（a） （b）

图8-5 绘制墙体

8.3.2 绘制梁、楼板、吊顶

根据 CAD 图纸中的柱子信息绘制梁。图 8-6 中分别绘制了两个方向上的梁。其绘制方法是：绘制梁高度为 600mm，依照柱子宽度绘制矩形的宽度，用推拉命令推拉合适的长度，再给每一根梁成组，用复制命令将这些组复制到合适的位置。

梁绘制完成后，有部分墙体与梁重叠，可以通过调整这部分墙体高度使墙体与梁的关系更为契合。

墙体与梁调整完成后，选取墙体轮廓成面，绘制吊顶，如图 8-7 所示。同时，将绘制好的吊顶复制一个，作为咖啡厅地板，给地板和吊顶分别添加不同材质。

8.3.3 绘制楼梯

用矩形工具和直线工具绘制楼梯踏面，用推拉工具推出每个楼梯踏面的高度，如图 8-8 所示。该步骤完成后

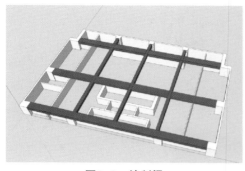

图8-6　绘制梁

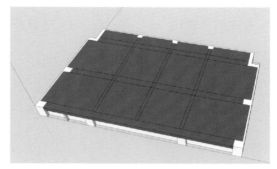

图8-7　绘制吊顶

将楼梯踏面部分创建成一个群组。

　　踏面完成后，用"工具"→"路径跟随"命令绘制楼梯扶手。楼梯扶手绘制完成后同样将其创建成一个群组。

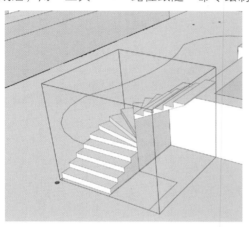
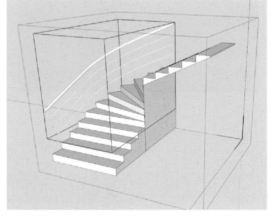

图8-8　绘制楼梯踏面

　　完成一个楼梯的绘制后，将踏步与扶手共同创建成一个群组。复制一个该群组，并选中该群组，单击鼠标右键，在弹出的关联菜单中选择"翻转方向"，再选择翻转的轴，就可以得到一个镜像的完全相同的楼梯，如图 8-9所示。

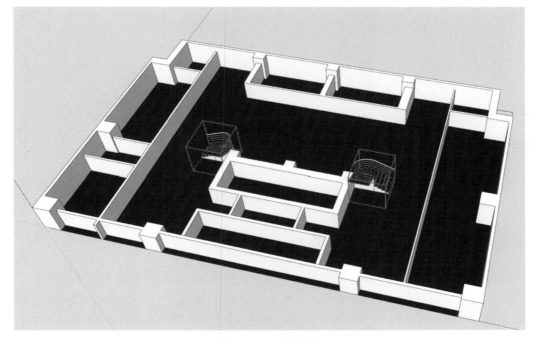

图8-9　复制楼梯

8.3.4　绘制门窗

（1）绘制门组件。根据平面图中门的位置在墙体上开洞，如图 8-10（a）所示。退出墙体群组，依次绘制门框、门板、门洞并建立组件，如图 8-10（b）所示。（本章案例中门的样式统一，因此建立的是组件而不是群组，以便后期整体调整。）

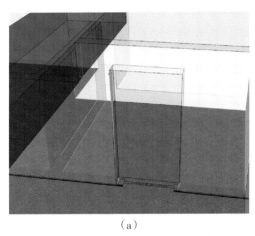
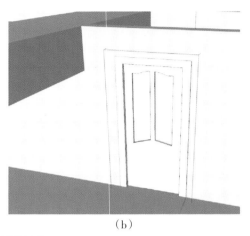

（a）　　　　　　　　　　　　　　　　　（b）

图8-10　绘制门组件

（2）绘制窗组件。根据平面图中窗的位置在墙体上开洞，如图 8-11（a）所示。退出墙体群组，依次绘制窗框、玻璃并建立组件，如图 8-11（b）所示。（本章案例中窗的数量较少，可先建立组件。若后期需修改某一个不同于其余窗的窗户，可单击鼠标右键，将该窗户设定为唯一，便可修改该窗户而不影响其余窗户。）

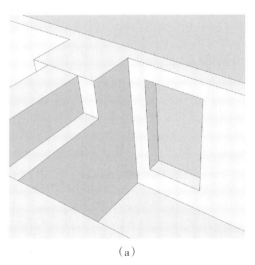
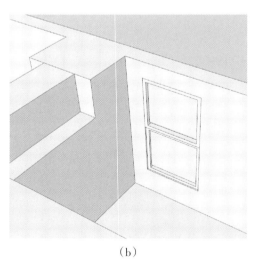

（a）　　　　　　　　　　　　　　　　　（b）

图8-11　绘制窗组件

8.3.5　插入家具素材，添加材质

搜集网上合适的家具素材，将这些搜集的家具素材按照平面图中家具的位置和大小进行调整，调整时注意家具的尺度。网上免费下载 SU 素材模型的平台很多，常用的有 SketchUp 吧 -SketchUp 中国门户网站、SketchUp 坯子库 |SketchUp 插件管理（常用 SU 插件下载平台）等，直接在搜索引擎搜索关键词也有许多相关资源可以下载。

家具插入完成后，给模型赋予合适的材质。可以直接选择 SU 自带贴图插入 SU 中，也可找 JPEG 格式图片或自己绘制 JPEG 格式图片文件插入 SU 中，如图 8-12 所示。材质贴图时可以更改贴图的大小和位置、旋转角度等。具体操作为单击材质所在面，然后单击鼠标右键，在弹出的关联菜单中选择"纹理"→"位置"命令。完成材质贴图后效果如图 8-13 所示。

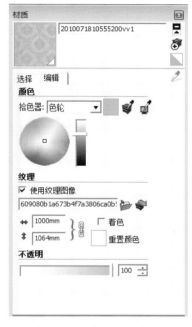

图8-12　选择材质贴图

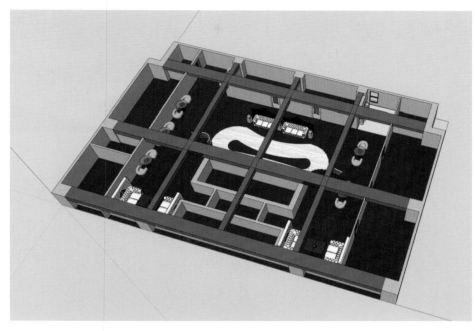

图8-13　完成家具材质贴图后的效果图

8.3.6　添加模型细节，完成模型制作

在模型主体完成的基础上进行模型细节绘制。以本章案例为例，添加模型细节的基本操作步骤如下。

（1）添加墙体细节。添加墙体细节包括绘制墙体下沿的踢脚线，插入墙身的装饰物、灯饰素材等，如图 8-14 所示。

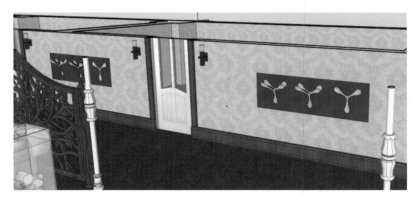

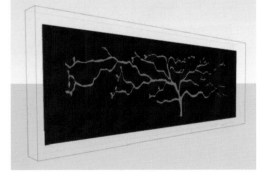

图8-14　添加各种墙体细节

（2）添加地面细节。绘制地面铺装印花，如图 8-15 所示。复杂的印花图案可以先在 CAD 中绘制轮廓，再导入 SU 中封面赋予材质。

（3）绘制隔断。首先绘制出隔断上枝条的主要走向，然后绘制叶片模型，最后将其复制到合适位置。绘制完一半模型后进行镜像操作即可，如图 8-16 所示。

（4）添加文字、人物。在合适的位置添加文字，表示出咖啡店名称或图标，如图 8-17 所示。添加人物素材，

图8-15 绘制地面铺装印花

图8-16 绘制隔断

图8-17 添加文字

如图 8-18 所示，适当的人物素材有助于场景氛围营造；但切忌人物画风多且杂乱。

图8-18 添加人物素材

第 9 章

别墅建筑建模案例

BIESHU JIANZHU JIANMO ANLI

9.1

整理 CAD 图纸

本章案例别墅为三层现代别墅，如图 9-1 所示。将 CAD 平面图导入 SU 前需要删除多余的信息，即进行 CAD 图纸整理工作。整理步骤如下。

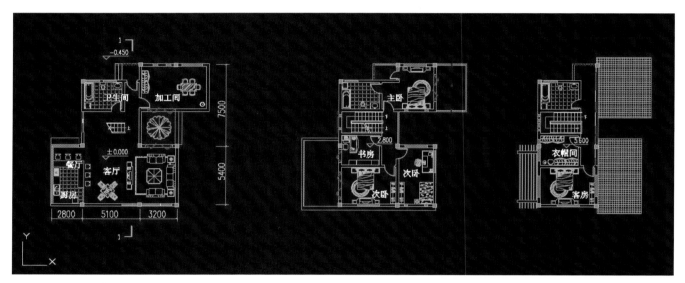

图9-1   三层现代别墅

第一步，删除标注信息——尺寸标注、标高标注、功能文字标注等；

第二步，删除填充信息——室内铺装、屋顶瓦片纹理等；

第三步，删除不需要的家具信息和建模不需要的细节；

第四步，进行图纸信息分类整理，对墙体、柱子、门窗、家具看线分图层整理，并删除多余图层；

第五步，炸开组，检查模型有无断线。

9.2

导入图纸并对位图纸

CAD 图纸整理完成后，选择"天正建筑"→"文件布图"→"图形导出"命令，导出天正 3 文件，如图 9-2 所示。

打开 SU，导入 t3 文件。在导入 AutoCAD DWG/DXF 选项面板中选择"保持绘图原点"，如图 9-3 所示，即保证 CAD 中的绘图原点与 SU 模型中的绘图原点保持一致。

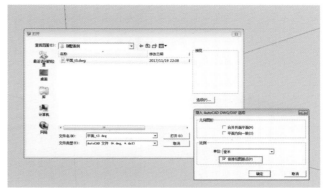

图9-2 导出天正t3文件　　　　　　　　　　　图9-3 保持绘图原点设置

9.3
创建模型

　　将 CAD 图纸导入 SU 中，检查无误后，分图层隐藏部分暂时不需要的图层，开始创建模型。创建模型的具体步骤如下。

　　第一步，以一层建筑平面为基准点，将二、三层平面移至一层平面的垂直位置上，移动高度分别为一、二层建筑的层高；

　　第二步，建立一层建筑基座和建筑墙体；

　　第三步，建立二、三层地板平面和建筑墙体；

　　第四步，建立坡屋顶；

　　第五步，建立门窗，本章案例中的窗户为带有冰裂纹纹理的花格窗，如图 9-4 所示。对于冰裂纹纹理可在 CAD 中先画出其平面，再将其导入 SU 进行封面处理；

　　第六步，绘制格栅、外露梁柱结构；

　　第七步，添加材质纹理，进行细节处理。

　　至此便完成了别墅建模的基本 SU 模型，图 9-5~ 图 9-7 分别展示了独栋别墅模型、组团别墅模型和别墅群模型。如后期需深化，可在此模型基础上添加家具细节、人物及配景。

图9-4 冰裂纹纹理的花格窗　　　　　　　　　　图9-5 独栋别墅模型

图9-6　组团别墅模型

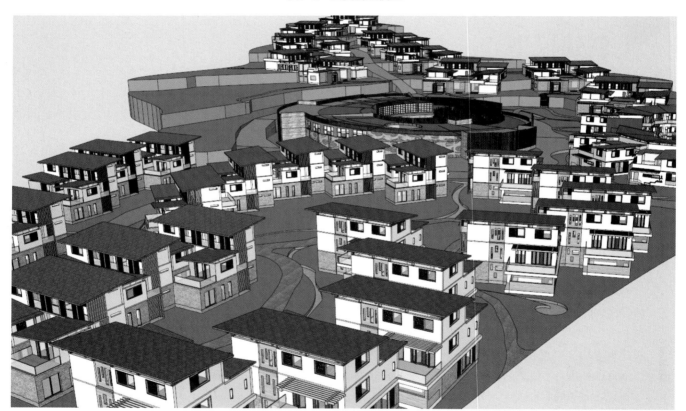

图9-7　别墅群模型

第 10 章

环境景观模型

HUANJING JINGGUAN MOXING

扫码查看
教学视频

10.1
制作景观连廊架模型

10.1.1 估测景观连廊的尺寸

估测景观连廊的尺寸时，先估测一个单元支柱的尺寸，再按比例绘制，如图 10-1 所示。

10.1.2 制作景观连廊支柱模型

制作连廊支柱时，将每个杆件建为组件，如图 10-2 所示，方便修改。

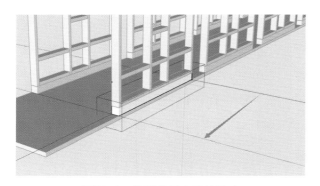

图10-1 估测单元支柱的尺寸

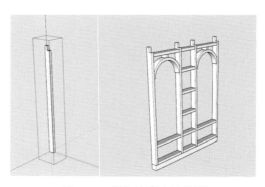

图10-2 制作连廊支柱模型

10.1.3 制作景观连廊的梁架

用弧线工具绘制弧形梁架，如图 10-3 所示。

10.1.4 制作景观连廊固定轴

在梁架上方绘制固定轴，如图 10-4 所示。

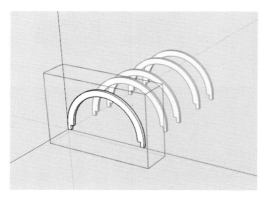

图10-3 用弧线工具绘制弧形梁架

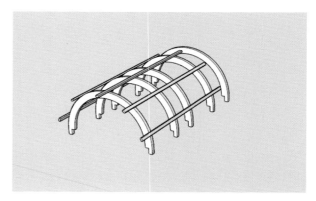

图10-4 绘制固定轴

10.1.5　制作景观连廊基座

根据连廊尺寸绘制基座，如图 10-5 所示。

10.1.6　制作景观连廊顶棚结构

用偏移工具绘制顶棚，如图 10-6 所示。

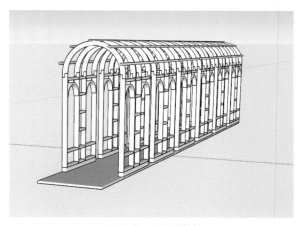

图10-5　绘制基座

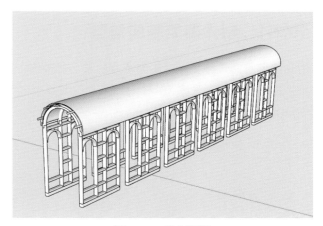

图10-6　绘制顶棚

10.1.7　制作最终模型

添加材质纹理，绘制最终模型，如图 10-7 所示。

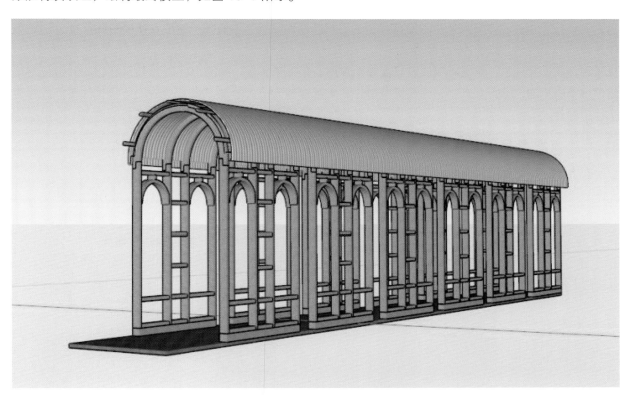

图10-7　绘制最终模型

10.2
制作木制廊架模型

10.2.1 制作廊架基座模型

估测廊架基座尺寸，确定廊架基座的长、宽数据。用矩形工具创建基座平面，如图 10-8（a）所示，用推拉工具推拉出基座厚度，如图 10-8（b）所示，其厚度约为一个踏步的高度。本章案例给基座添加了砖块材质贴图，如图 10-8（c）所示。

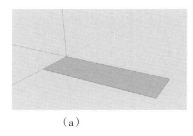 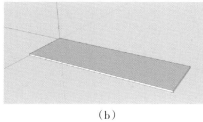 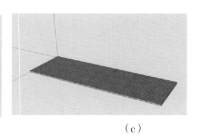

（a） （b） （c）

图10-8 制作廊架基座模型

10.2.2 制作廊架结构模型

（1）制作柱子组件。本章案例中的廊架柱子由石材贴图的柱础与木质柱子组成，依照实际尺寸分别绘制两个长方体并组成一个组件，如图 10-9 所示。

柱子组件制作完成后，依据廊架底座长度等距复制若干柱子组件，如图 10-10 所示。按住 Ctrl 键复制第一个柱子组件到基座尽端，输入 "/n"，n 为等分数量，在本章案例中输入的是 "/3"。完成上述操作即可完成等距复制若干个柱子组件。

将一列柱子组件制作完成后，选中该列柱子组件，将其复制至基座另一侧，如图 10-11 所示。

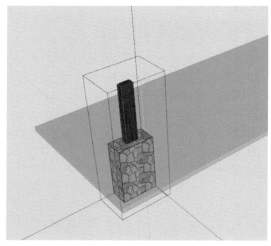

图10-9 制作柱子组件

图10-10 等距复制柱子组件

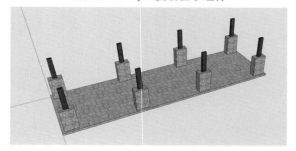

图10-11 复制一列柱子组件

（2）制作梁组件。绘制与基座平面等大小的矩形至柱子顶端，并依据柱子的间距与大小绘制梁体，如图 10-12 所示。该操作需要用到的工具为直线工具、推拉工具、材质工具。本章案例中梁的材质为木材，顶部的格栅为贴图材质，贴图图片格式为 PNG 格式，其透明的部分在模型中的显示也是透明的，如图 10-13 所示。

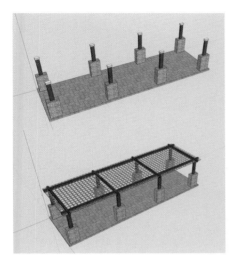

图10-12　制作梁组件

图10-13　格栅的贴图材质

10.2.3　制作基座外沿模型

本章案例中的基座外沿有高度为 800 mm 的矮墙，矮墙中间部分有柱形装饰物，如图 10-14 所示。矮墙部分的建模较为简单。柱形装饰物的细节较多，每一层具有不同的材质，有的层表面有圆柱形装饰凸起或是条形装饰带。制作基座外沿模型时用到的主要工具有矩形工具、圆形工具、缩放工具、偏移工具。矮墙内侧有装饰浮雕，如图 10-15 所示，本章案例中的装饰浮雕为材质贴图。

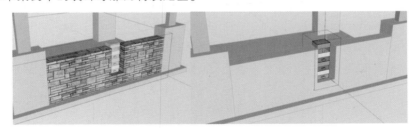

图10-14　矮墙及矮墙中间部分的柱形装饰物

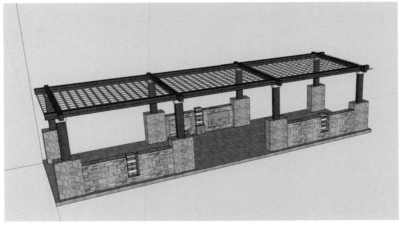

图10-15　矮墙内侧的装饰浮雕

10.2.4　制作廊架坐凳模型

本章案例中绘制的廊架坐凳为石材坐凳，由图 10-16 中三种具有不同材质贴图的长方体组成。

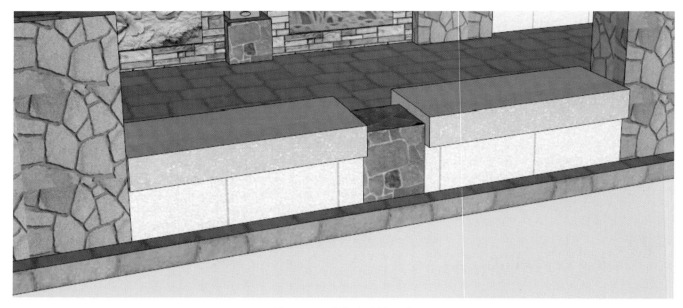

图10-16　廊架坐凳的组成

10.2.5　制作弧形廊架

下面介绍运用旋转工具制作弧形廊架。

（1）绘制柱网和柱网延长线交点。

（2）绘制基本柱子组件。

（3）按住 Ctrl 键，用旋转工具选定延长线交点为旋转原点进行旋转，以第一条和最后一条轴作为参考轴线进行旋转。然后输入"/4"即可等距复制柱子组件，如图 10-17 所示。

图10-17　制作弧形排列的柱子组件

（4）绘制顶部弧形梁。在弧线端点绘制一个垂直于弧线的矩形，选择"工具"→"路径跟随"命令，选中矩形沿着弧线移动即可得到弧形梁，如图 10-18 所示。用同样的操作绘制另外一根弧形梁。

（5）用（3）中的操作绘制木质廊架，隐藏不需要的轴线信息，完成弧形廊架的基本建模，如图 10-19 所示。

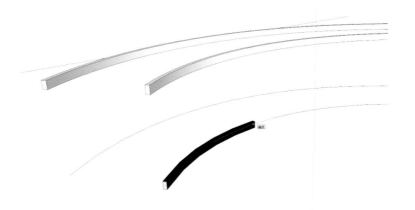

图10-18　绘制顶部弧形梁

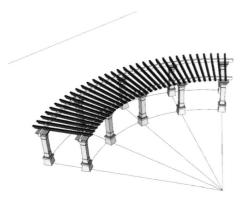

图10-19　弧形廊架的基本模型

10.3
制作张拉膜模型

10.3.1　SoapSkinBubble 起泡泡插件介绍

SoapSkinBubble 起泡泡插件是一款实现建筑物张力结构建模的工具，可根据已绘制好的线条气动拉紧表面，如图 10-20 所示。

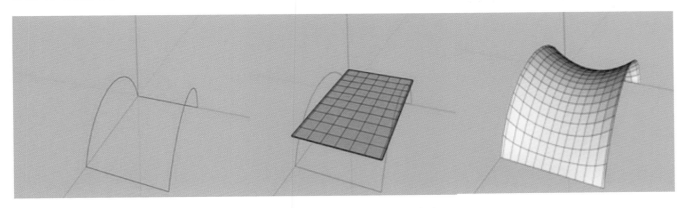

图10-20　SoapSkinBubble气动拉紧表面

10.3.2　张拉膜模型建模实例介绍

利用 SoapSkinBubble 起泡泡插件可以制作图 10-21 中的张拉膜模型。

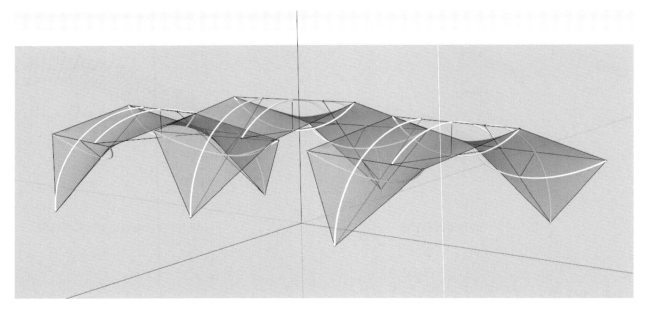

图10-21　张拉膜模型

10.4
制作圆亭模型

本章案例中的圆亭主要由底座、支柱、穹顶组成。如图 10-22 所示，建模时从下至上依次制作底座、支柱、穹顶。

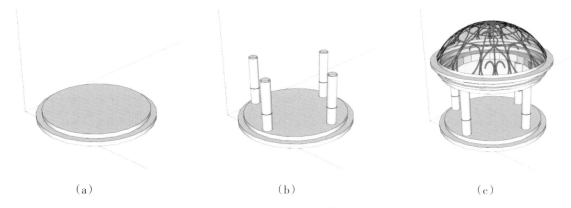

（a）　　　　　　　　　　　　（b）　　　　　　　　　　　　（c）

图10-22　制作圆亭模型

10.4.1　圆亭底座制作

本章案例圆亭底座为两级踏步的圆形底座。其制作步骤为：①创建圆形；②推拉出一个踏步厚度；③用偏移工具偏移出一个踏步面宽；④推拉得到第二级底座，如图 10-22（a）所示。

10.4.2　圆亭支柱制作

本章案例圆亭的支柱较为简单，为一个圆柱体，在圆柱体中间和顶部有缩小的细节处理，分别执行两次偏移和推拉即可。完成一个支柱后，建立组件，再复制出其余三个支柱即可完成圆亭的支柱制作，如图 10-22 （b）所示。

10.4.3　圆亭穹顶制作

圆亭穹顶部分的梁与底座的制作方法相似，完成梁的建模后，开始建立穹顶及上面的异形结构。穹顶制作方法较多，有许多插件可以制作穹顶。下面介绍在 SU 中不用插件时制作穹顶的方法。

（1）在平面上创建一个圆，如图 10-23 所示。

（2）创建垂直于这个圆的另外一个大小相同的圆的边线，如图 10-24 所示。

（3）选定整个圆的边线，激活路径跟随工具，然后单击创建的圆的任何地方，便会形成一个球体，如图 10-25 所示。

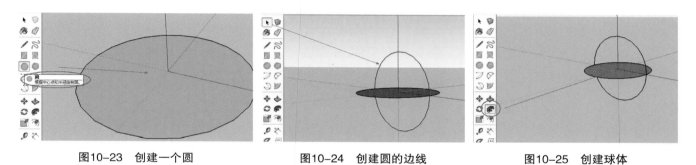

图10-23　创建一个圆　　　　图10-24　创建圆的边线　　　　图10-25　创建球体

（4）保留一半球体，旋转至合适的平面，如图 10-26 所示。

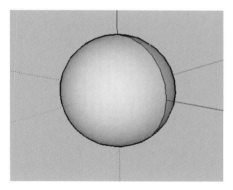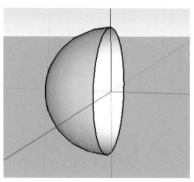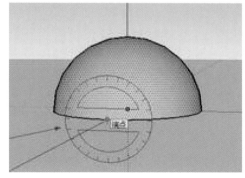

图10-26　制作半球

绘制穹顶完成后，开始绘制穹顶表面的异形结构，绘制步骤如下。

（1）在平面上画出异形结构平面图，如图 10-27 （a）所示。

（2）将线移动至穹顶正上方。

（3）选择 "工具" → "沙盒" → "曲面投射" 命令，将线条投影至穹顶表面，如图 10-27 （b）所示。

（4）给异形结构添加材质。

（a）　　　　　　　　　　　　　　　　　（b）

图10-27　绘制穹顶表面的异形结构

至此，本章案例的圆亭模型就制作完成了，制作的圆亭模型如图 10-28 所示。

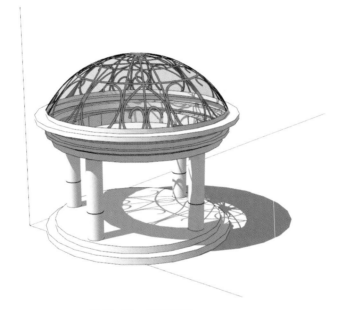

图10-28　圆亭模型

第 11 章

V-Ray 模型的渲染

V-Ray MOXING DE XUANRAN

扫码查看
教学视频

11.1
V-Ray for SketchUp 的特征

V-Ray 的优点大致为：优秀的全局照明，超强的渲染引擎，支持高动态贴图，强大的材质系统，便捷的布光方法，超快的渲染速度，简单易学。

11.2
V-Ray for SketchUp 渲染器介绍

11.2.1 主界面结构

图11-1　V-Ray for SketchUp的工具栏

图 11-1 为 V-Ray for SketchUp 的工具栏，如果打开 SketchUp 的时候没有该工具栏，请勾选 SketchUp 菜单栏的"视图"→"工具栏"→"V-Ray for SketchUp"。

从左开始，图 11-1 中的第一个按钮"M"是 V-Ray 材质编辑器，用于编辑以及预览场景中对象的材质，如图 11-2 所示。

第二个按钮是 V-Ray 参数面板，用于调试渲染的环境、间接光等参数。参数面板中标记的项一般是需要调整的项，其他的项一般可以保持默认，如图 11-3 所示。

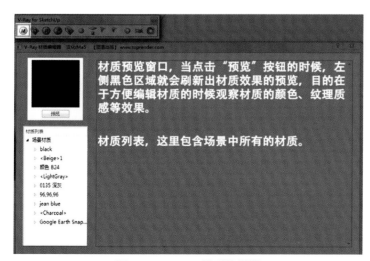

图11-2　V-Ray材质编辑器

图11-3　V-Ray参数面板

第三个按钮是启动渲染的按钮。图 11-4 中的区域渲染用于图片的局部渲染，当调整参数测试场景的时候，有时只需观察图片的某个部分，若将整个画面渲染便会浪费时间，此时只需单击区域渲染的按钮，再框选需要观察的部分进行渲染即可。

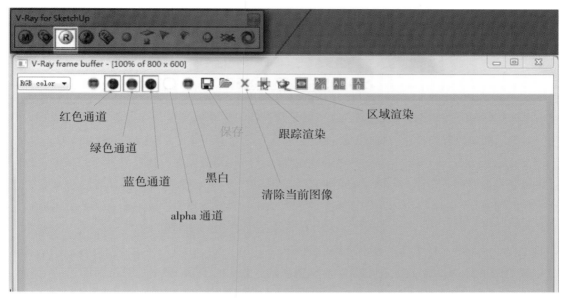

图11-4　启动渲染面板

第四个按钮是帮助按钮，单击该按钮会进入官网的帮助页面，如图 11-5 所示。

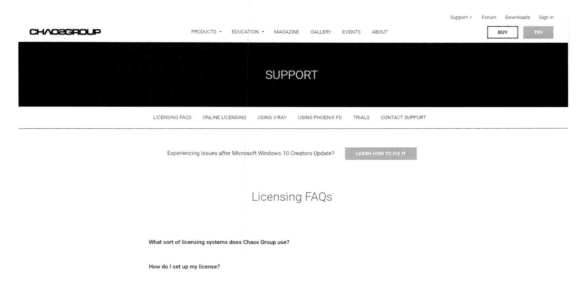

图11-5　V-Ray的帮助页面

第五个按钮是打开帧缓存窗口按钮，通过单击激活该按钮，可以获得上一次渲染的结果。

第六到第九个按钮分别是泛光灯、面光、聚光灯和 IES 灯光。

第十到第十一按钮分别是 V-Ray 球和 V-Ray 无限平面。

11.2.2　V-Ray 2.0 for SketchUp 功能特点

（1）新增 V-Ray RT CPU/GPU，加速作品可视化呈现。与 3ds MAX、Maya 一样，V-Ray RT 可随着摄影机

角度的变换，实时更新彩现的画面，当然材质贴图、灯光、色温也可以在 V-Ray RT 中实时变化。

　　V-Ray RT 也提供 RT CPU 与 GPU 的切换功能，安装了 NVIDIA 显卡的使用者更加可以利用 GPU 来加速彩现速度。

　　（2）新增 V-Ray Dome Light。在室外场景当中，常以 HDRI 贴图作为环境光源来照亮场景。在没有 V-Ray Dome Light 时，SketchUp 的工作流程是在环境贴图中贴一张 HDRI 贴图来作为环境光源，再搭配 GI（global illu-mination）做演算，所计算出来的画面容易出现阴影、莫名的白点等问题，如果调高 GI 的计算质量，则又会花上更多的算图时间。

　　现在有了 V-Ray Dome Light，用 HDRI 贴图作直接光源（关闭 GI）有三大好处：①HDRI 贴图包含太阳的信息，让场景可得到比较锐利的阴影，不会因为 GI 反弹光线而让阴影变得模糊；②利用 HDRI 贴图时，如果场景中有折射材质的对象，则可以得到拟真的焦散（caustic）特效；③更容易做出没有闪烁问题的动画。

　　（3）新增 V-Ray Proxy。V-Ray Proxy 可有效地管理场景所耗用的内存，以及保持高效率的工作环境与可快速彩现大规模且复杂的场景。Proxy 代理对象会把模型输出成一个 vrmesh 档案，并储存在硬盘当中，当 V-Ray 算图时才会去载入那些 vrmesh 档案，并在算图完成之后从内存中释放出来。V-Ray for SketchUp 所产生的代理对象文件是可以和其他支持 V-Ray 的 3D 软件共享的，例如 3ds MAX 或是 Rhino。

　　（4）V-Ray Frame buffer 的更新。新增彩现纪录 Render History，让我们可以将所计算过的影像储存与读取到 VFB 中，以及可以用 Compare Tool 在 VFB 中比较前后两张算图的差异。此外，还有新增了 V-Ray Lens Effect 镜头特效为影像加入 bloom 和 glare 特效。

　　（5）V-Ray 材质的更新。新增的 V-Ray 材质是全新优化过的 V-Ray 材质，包含漫反射（diffuse）、反射（reflection）以及折射（refraction）等。该功能还可改变双向反射分布的形状。

　　Wrapper 材质可以为每个材质增加额外的属性，适合拿来制作 Matte 材质，对于后制合成有很大的帮助。

　　VRMats 材质库是支持广泛、可立即使用的 V-Ray 材质档案库。

11.3
V-Ray for SketchUp 材质面板

11.3.1　材质编辑器的结构

　　在材质编辑器里，右击"场景材质"选项，可以进行导入材质、新增材质、清理没用材质等操作，如图 11-6 所示。一种材质具有基于以下四种类型的材质层：发光层、反射层、漫反射层和折射层。所有材质层在材质编辑器里的排列就像从上到下叠加在物质上一样。默认的材质只包含一个漫反射层。其他的材质层可以通过单击鼠标右键选择不同的材质层类型，然后选择添加新的材质层即可。预览窗口不会显示现在选择的材质，它只显示上一次渲染的预览。

11.3.2　材质的编辑

　　给对象赋予材质的方法是单击 SU 工具栏里那个油漆桶一样的按钮，或者在键盘上按 B 键，就会弹出 SketchUp 的材质面板，在材质面板中选定材质之后，就可以把材质应用到场景对象中。此时只需按住 Alt 键，光

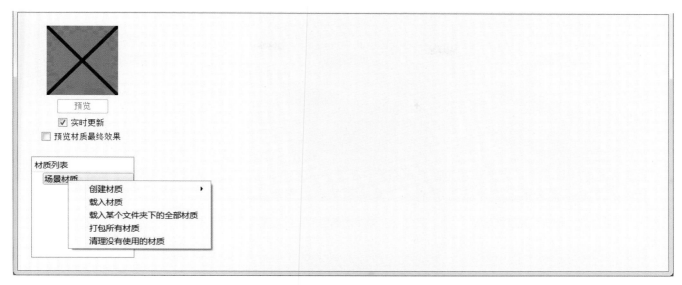

图11-6　场景材质的关联菜单

标变成吸管状后，再去吸取场景中所要编辑的材质；然后单击 V–Ray 工具栏中的按钮"M"，打开 V–Ray 材质面板，对应显示的就是该材质；最后选中该材质并对相应参数进行调节即可。

11.3.3　V–Ray for SketchUp 材质系统介绍

（1）漫反射材质。漫反射材质的创建简单而且渲染计算快。它看起来像橡皮泥或塑料土，如图 11–7 所示。其颜色可以通过颜色块或贴图编辑器调节。贴图编辑器可以通过单击按钮"m"打开。贴图的位置可以通过 SketchUp 来调节，我们可以在材质编辑器里改变贴图的大小，也可以通过右击物体的表面选择"贴图"→"位置"命令来改变贴图的位置。排在最上面的漫反射层会与 SketchUp 材质自动关联。因此，如果我们对第一个漫反射层做了改变，相应的 SketchUp 材质都会自动跟着改变，反之亦然。

（2）有光泽的塑料或陶瓷材质。如果我们添加一个反射层，并设置反射贴图为菲涅尔类型，那么我们就可以获得光洁塑料或陶瓷材质了，如图 11–8 所示。菲涅尔现象是指基于观察角度的不同，特定表面的反射会明显增强或减弱。例如，如果我们垂直地看着显示器，显示器几乎不会显露任何反射；但是如果我们沿着几乎平行于显示器的角度看它，显示器就会表现出很强的反射性。菲涅尔现象由材质的 IOR 控制。IOR 较大，在任何角度，材质的反射性都会表现得比较强，并且入射角越大，反射强度就越强；IOR 较小，菲涅尔现象就会减弱，材质的反射在各个角度变得趋同。比较重要的一点是，应该保持菲涅尔系数和折射系数一致。对于有光泽的塑料来说，基本的规则是反射不被材质的颜色染上色，即有光泽的塑料的反射不受材质颜色的影响，如图 11–9 所示。（常用的折射 IOR：空气 1.0，酒精 1.329，水晶 2.419，钻石 2.417，红宝石 1.77，玻璃 1.517，冰 1.309，水 1.33）

（3）木材质。木材质相当于是一种贴了贴图的塑料材质。在漫反射层设置一个贴图，然后设置反射层的贴图类型为菲涅尔类型，最后设置光泽度（glossiness）。如果需要清晰的光泽，可以设光泽度为 1；如果是打蜡的木材质，其光泽度就可以设置得小一些，这里我们设置为 0.9，如图 11–10 所示。

（4）橡皮（橡胶）材质。默认的漫反射材质看起来很呆板，而橡皮（橡胶）材质则不会这样。但由于橡皮（橡胶）材质会表现出非常模糊的高光，因此最好还是使用带有模糊反射的光洁塑料来表现橡皮（橡胶）材质。如图 11–11 所示是光泽度为 0.5 的例子。

（5）玻璃材质。为了快速渲染，模仿玻璃材质最简单的方法是设置一个反射层并且添加菲涅尔贴图，如图 11–12 所示。这样的材质可以赋给单个面的物体，比如单面的窗户。

图11-7　单漫反射层材质

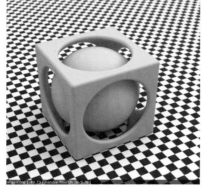
图11-8　菲涅尔类型的反射贴图

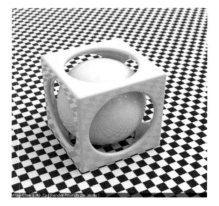
图11-9　有光泽的塑料材质

图11-10　木材质

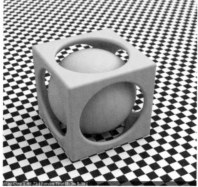
图11-11　光泽度为0.5的橡皮(橡胶)材质

图11-12　无折射层颜色的玻璃材质

　　如果需要设置有色玻璃材质的话，如图 11-13 所示，那就必须添加一个带有折射颜色的折射层。过去的文件系统（应该是指 VFS 1.0）可以将材质的折射系数设置为 1，然后将该材质赋给单面的窗户；但是现在的文件系统（应该是 VFS 1.5）不能这样设置。因此，在现在的文件系统下，对有色玻璃窗户赋予材质时必须在 SU 里面画两个面并且使其法线向外。此外，如果添加一个黑色的漫反射层，没有折射层的有色玻璃就可以被渲染，这时，玻璃的颜色由透明颜色控制。标准的玻璃材质是基于一个反射层和一个折射层的。如果设置了折射层的颜色，那么玻璃看起来好像被全局颜色一样，且颜色与物体的厚度无关。如果全局光照的折射焦散没有打开或者渲染的图像没有进行全局光照，那么玻璃物体的阴影就会是黑色的。选择"影响阴影"命令会使阴影带有折射颜色或雾颜色，如图 11-14 所示。这个方法可以避免焦散的长时间渲染，取而代之的是近似的有颜色的阴影。而选项"影响通道"（alpha）控制在通道图里的玻璃颜色，没有激活"影响通道"的玻璃是不透明的。

图11-13　带有折射层颜色的玻璃材质

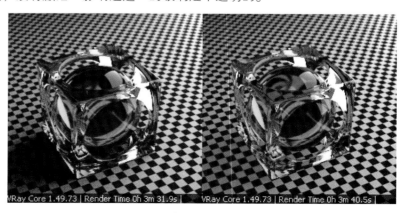
图11-14　激活"影响阴影"的例子

（6）金属材质。金属材质反射周围的环境的光线并使反射带上金属本身的颜色，如图 11-15 所示。有两个选项可以控制金属的反射颜色。我们可以控制反射颜色的强度和透明度，比如颜色值设置为 200（最高为 255）意味着 80% 的反射和 20% 的透射（折射）。过滤颜色可以在不影响透明度的情况下控制颜色，比如，当一个面拥有单反射层时，黄色（RGB-255，255，0）金属材质的反射颜色会使红色（R）和绿色（G）被反射，而蓝色（B）会透过那个面；而黄色金属材质的过滤颜色会使红色和绿色 100% 被反射，但是蓝色会被挡住。

一个好的渲染工作流程是使用过滤颜色作为颜色效果，而反射颜色用于控制菲涅尔现象和透明度。注意：如果反射颜色被设置为小于 100% 或者设置了菲涅尔贴图，那么在它的后面应该设置一个材质层来挡住光线。如果忘记漫反射层作为最后一层而未设置一个材质层来挡住光线，将会导致需要很长的渲染时间。

如果我们认真观察身边的世界，就会发现金属会显示出有不止一个反射层，有时候会清晰地显示两个反射层——一个很模糊，一个很清晰。这样的现象在铝金属上可以非常清楚地看到，如图 11-16 所示，对于周围环境的黑暗部分，反射好像被打破了，并且比较黑的颜色被赋予了一层淡淡的光晕。

图11-15　金属材质模型

图11-16　旧金属例子——铝

我们只要设置两个反射层，就可以获得上述的效果。下面以一个复杂金属材质为例，该金属材质拥有典型的高菲涅尔系数（IOR），因此将两个反射层的 IOR 都设置为 20。对于第一个反射层的反射颜色，设置其值为 125，使得下一个反射层也可见。两个反射层都使用同样的使金属染色的材质颜色。第一个反射层显示光洁的反射（光泽度为 0.98），而第二个反射层就比较模糊（光泽度为 0.8）。最后，设置一个带颜色的漫反射层用于停止光线。此外，设置一个额外的凹凸贴图有助于获得"不完美"的效果。

（7）发光材质。发光材质只需要一个发光材质层就可以了。如果对发光材质层设置了颜色，那么发光材质的强度值就控制亮度。如果对发光材质使用了贴图，贴图的倍增值就会控制贴图的发光强度。发光材质模型如图 11-17 所示。

11.3.4　V-Ray 常用材质的参数

（1）亮光木材。漫射 贴图，反射 35 灰，高光 0.8。

（2）亚光木材。漫射 贴图，反射 35 灰，高光 0.8，光泽（模糊） 0.852。

（3）镜面不锈钢。漫射 黑色，反射 255。

（4）灰亚面不锈钢。漫射 黑色，反射 200 灰，光泽（模糊） 0.8。

图11-17　发光材质模型

（5）拉丝不锈钢。漫射 黑色，反射 衰减贴图（黑色部分贴图），光泽（模糊） 0.83。

（6）陶器。漫射 白色，反射 255，贴图类型 菲涅耳。

（7）亚面石材。漫射 贴图，反射 100 灰，高光 0.5，光泽（模糊） 0.85，贴图类型 凹凸贴图。

（8）抛光砖。漫射 平铺贴图，反射 255，高光 0.8，光泽（模糊） 0.98，贴图类型 菲涅耳。

（9）普通地砖。漫射 平铺贴图，反射 255，高光 0.8，光泽（模糊） 0.9，贴图类型 菲涅耳。

（10）木地板。漫射 平铺贴图，反射 70，光泽（模糊） 0.9，贴图类型 凹凸贴图。

（11）清玻璃。漫射 灰色，反射 255，折射 255，折射率 1.5。

（12）磨砂玻璃。漫射 灰色，反射 255，高光 0.8，光泽（模糊） 0.9，折射 255，光泽（模糊） 0.9，光折射率 1.5。

（13）普通布料。漫射 贴图，贴图类型 凹凸贴图。

（14）绒布。漫射 衰减贴图，贴图类型 置换贴图。

（15）皮革。漫射 贴图，反射 50，高光 0.6，光泽（模糊） 0.8，贴图类型 凹凸贴图。

（16）水材质。漫射 白色，反射 255，折射 255，折射率 1.33，烟雾颜色 浅青色，贴图类型 凹凸贴图。

（17）纱窗。漫射 颜色，折射 灰白贴图，折射率 1，接收 GI。

11.4
V-Ray for SketchUp 灯光系统介绍

11.4.1　点光源

下面通过创建一个简单的场景来讲解点光源。图 11-18 中选定部分就是所创建的点光源，右击该点光源，单击"编辑光源"会弹出点光源（泛光灯）编辑器。

图 11-19 所示为点光源（泛光灯）编辑器，图中方框所标记的参数是重点讲解的部分。

（1）颜色：灯光的颜色。

（2）亮度：点光源发光的强度，默认强度为 1.0，但是一般在 10 000.0 的亮度下才会有较为明显的发光，如图 11-19 所示，灯光亮度为 100 000.0。

（3）单位：一般保持默认即可，也可以选择其他的单位。

（4）阴影半径：默认为 0.0，表示绝对清晰的阴影，但是过于清晰的阴影会显得不自然，所以一般设置阴影半径大于 0.0，设置的数值越大则越模糊，具体数值要根据实际需要进行调整。

（5）阴影细分：阴影的精细程度，一般保持默认即可，若是阴影因为半径较大而使噪点过于明显，可以适当提高阴影细分，一般设为 16 即可。

（6）纹理衰减：灯光的衰减方式，一般保持默认的平方反比即可，这符合现实世界的规律。

（7）影响漫反射：在勾选该选项的情况下，场景中的对象将会被照亮。

（8）影响高光：在勾选该选项的情况下，场景中的对象将会受该灯光影响而产生高光。

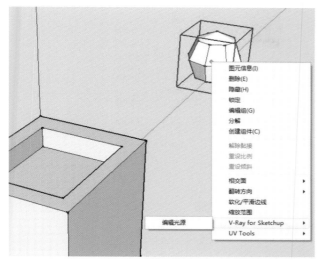

图11-18　编辑光源位置 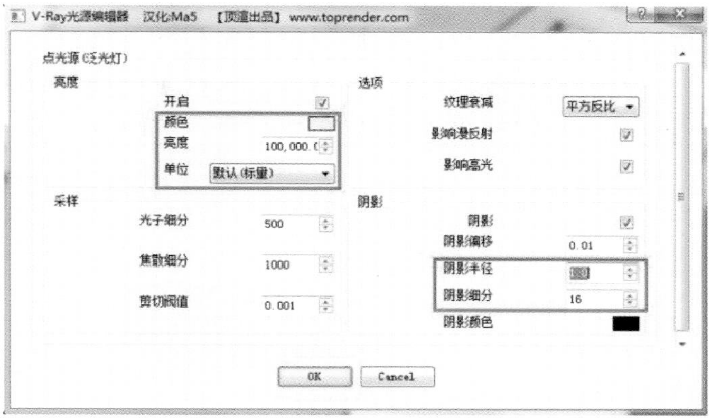　　　　　　　　　　图11-19　点光源(泛光灯)编辑器

（9）采样：跟焦散有关的参数组。

注意：巧妙地使用影响漫反射和影响高光，可以为场景布光而不产生反射影响。

11.4.2　面光源

在场景中创建一盏面光，单击鼠标右键，在弹出的关联菜单中选择"编辑光源"便弹出灯光编辑窗口，如图 11-20 所示。

（1）颜色：灯光的颜色。

（2）亮度：灯光的强度，一般调到 50.0 才会看见较为明显的光照效果，具体数值由实际情况决定。

（3）单位：一般保持默认。

（4）双面：面光源有正反面之分，默认只有正面发光，若勾选该选项，则正反面都会发光。

（5）细分：阴影的精细度。

（6）不衰减：若勾选该选项，就是疯狂的举动，灯光哪有不衰减的。

（7）光线入口：在一个封闭的空间里，使用这个选项，可以模拟开窗采光，但是不常用。

（8）影响漫反射、影响高光、影响反射。

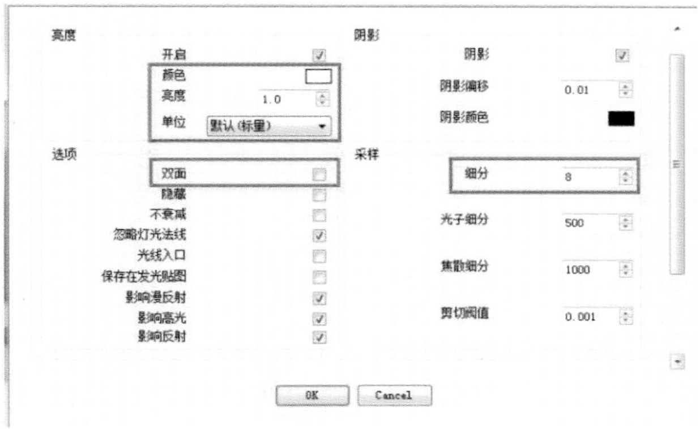

图11-20　面光源编辑器

注意：面光源与之前提到的光源有些不一样，面光源没有决定阴影模糊程度的参数，这是因为阴影的模糊程度由面光源的大小和形状决定。

11.4.3　V-Ray 的聚光灯

图 11-21 所示为光线射出的方向。单击鼠标右键，在弹出的关联菜单中选择"编辑光源"便弹出灯光编辑窗口，如图 11-22 所示。

图11-21 V-Ray的聚光灯

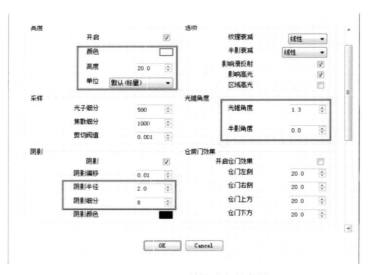

图11-22 V-Ray的聚光灯编辑器

图11-23 光锥角度

（1）颜色：灯光的颜色。

（2）亮度：一般调到 20.0 左右就有明显的光照效果了，具体数值根据实际情况决定。

（3）单位：一般保持默认。

（4）阴影半径：默认为 0.0，表示是绝对清晰的阴影，数值越大，阴影越模糊。

（5）阴影细分：阴影的精细程度。

（6）光锥角度：光锥的夹角大小，如图 11-23 所示。

11.4.4 V-Ray 的光域网光源

V-Ray 的光域网光源用于模拟射灯的效果。创建了一个简单的场景，如图 11-24 所示，该图选定的就是光域网光源。

图 11-25 所示为光域网（IES）光源的灯光编辑窗口。

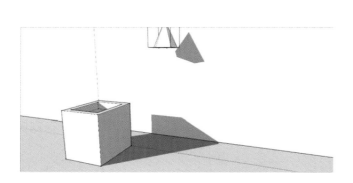

图11-24 V-Ray的光域网光源

图11-25 光域网(IES)光源编辑器

光域网（IES）光源的参数比较少，而且大都与其他灯光的参数差不多。

（1）滤镜颜色：决定灯光的颜色。

（2）功率：灯光的强度。

跟一般灯光不一样的是，光域网（IES）光源通过 ies 文件来决定灯光的分布方式，从而模拟射灯的效果。通过百度搜索 ies 文件，就可以下载常用 ies 的文件。图 11-26 所示就是通过 ies 文件决定灯光分布方式的一种灯光效果。

图11-26　一种光域网光源的灯光效果

11.4.5　默认灯光

V-Ray 中的默认灯光如图 11-27 所示。默认灯光的阴影设置是和 SketchUp 保持一致的。在 SU 中打开视图，对阴影选项打上钩，这时候可见阴影，也可以判断阳光方向，然后再调整日照时间。

图11-27　V-Ray中的默认灯光

11.4.6　环境灯光

图 11-28 中标记部分就是 V-Ray 的天光系统，天光系统分为太阳光和环境光。一般在晴天的情况下，室外光源分为太阳光和天空光，如果天空没有照明作用而只有太阳光作用，就会出现图 11-29 所示的效果，阴影非常的暗，类似月球上的光照效果，这是缺少大气散射带来的照明。

图11-28　环境设置面板

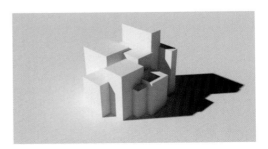

图11-29　只有太阳光作用的光照效果图

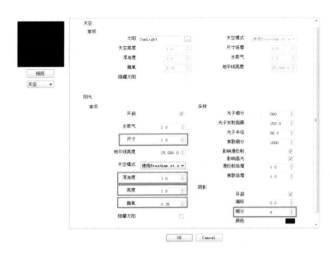

图11-30　V-Ray的太阳光编辑窗口

11.4.7　V-Ray 的太阳光

图 11-30 中标记的参数是要重点讲解的部分，其他参数一般保持默认。

（1）尺寸：太阳的大小。在其他条件都不变的情况下，光源的面积越大，阴影就会越模糊。这个参数一般保持在 1.0 就可以了，参数值越大，阴影就会越模糊。

（2）浑浊度：调试范围为 2.0~20.0，简单来说就是大气的浑浊程度。根据生活经验可以知道，空气中的灰尘越多，天空就越是发白发黄，太阳光就越是黄甚至偏红。所以这个参数值越大，太阳光就越是发黄，天空就会表现出灰蒙蒙的感觉。若是想要晴空万里的感觉，将参数值调成 2.0 就可以了。

（3）亮度：太阳光的强度，数值越大，则太阳光强度越大。

（4）臭氧：调试范围为 0.0~1.0，数值越大，则阴影越蓝。

（5）细分：阴影的细分度，数值越大，阴影精细度越高，噪点越少，但是耗费的渲染时间越长，出正图的时候一般调成 16 就足够了。

（6）天空模式：有三个模式可选，若是选阴天模式，天空将会呈现出阴天多云的效果。

（7）采样：在开启焦散的时候才有用，建筑效果图一般不开焦散，所以可以不管这些参数。

11.5
V-Ray for SketchUp 渲染面板介绍

V-Ray for SketchUp 渲染设置面板如图 11-31 所示。

图11-31　V-Ray for SketchUp渲染设置面板

11.5.1 环境

图 11-32 所示为环境参数设置面板。

（1）全局照明（天光）：周围环境产生的光。

（2）反射 / 折射背景：背景显示颜色，不影响光照。

（3）反射和折射：如果勾选反射或折射，环境显示的是反射或折射颜色或贴图而不是全局照明。

图11-32　环境参数设置面板

11.5.2 图像采样器（抗锯齿）

图像采样器（抗锯齿）决定边缘的平滑和清晰程度，如图 11-33 所示是图像采样器（抗锯齿）面板。

图11-33　图像采样器(抗锯齿)面板

11.5.3 输出

渲染出图的分辨率越大，耗费时间就越长，测试的时候需要调小点，一般设为 640*360，或者根据实际需要调整。通过选择"获取视口长宽比"选项（图 11-34），我们可以获取 SU 模型视口的长宽比例，出图的时候能包含画面的全部内容。

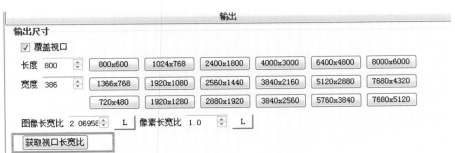

图11-34　输出面板

11.5.4 间接照明

开启间接照明后（默认已开启，如图 11-35 所示），光照在物体上会被反射部分光，对周围产生一定影响。

图11-35 间接照明面板

11.5.5 发光贴图

图 11-36 所示为发光贴图面板。

（1）最小比率和最大比率：一般，最终出图时可以将采样的最小和最大分辨率调到 −2 和 1。

（2）半球细分：设置为 50~60 即可。若物体表面出现乌云状的斑，可适当调高该参数值。

（3）插值采样：与半球细分类似。

图11-36 发光贴图面板

11.5.6 灯光缓存

图 11-37 所示为灯光缓存面板。下面重点介绍计算参数中的选项。

（1）细分：设为 1200 左右，细分数值越高，精度就越高。

（2）单位：默认即可。

（3）采样尺寸：默认即可。

图11-37　灯光缓存面板

11.6
实践训练——客厅渲染实例

11.6.1　渲染前准备

在介绍客厅渲染实例之前，需要确保模型的完整性，如图 11-38 所示。渲染前的 SU 模型应满足以下几条基础要求。

（1）模型细节充分。尤其是体现凹凸、复杂构件时所需要的模型细节，所选家具应细节刻画较好。

（2）灯光布置恰当。客厅为常用室内渲染场景，对室内环境的布光要求较高，灯光应具有有强有弱、有色彩等属性。

（3）材质选择恰当。不同的材质有不同的特征属性，包括是凹凸还是光滑，其反射是剧烈还是缓和，以及是否有折射等。

（4）环境。场景氛围的营造要合适，并要与设计表现内容结合较好。

11.6.2　在 V-Ray 中调整材质

打开 V-Ray 材质编辑器，进行材质调整，如图 11-39 所示。面板左上角可以选择预览，即在材质球上显示材质渲染效果，同时可以设置实时更新。面板左侧下方为材质列表，用材质吸管在模型中吸取材质，就会在材质列表中显示对应材质。面板右侧为材质层，通常有漫反射、选项和贴图三项。右击材质列表中的任意一个材质，在弹出的关联菜单中选择"创建材质层"选项就可以创建材质层，增加自发光、反射、折射等材质层，如图 11-40 所示；同时关联菜单中还有保存材质、打包材质、复制材质、更名材质等选项，可以选择应用该材质到所选物体或层。选择导入材质选项中可以选择导入本地 V-Ray 材质文件，其支持的格式有 vrmat 和 vismat 两种，如图 11-41 所示。

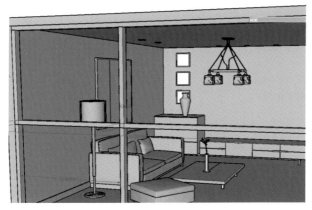

图11-38　渲染前的客厅模型

图11-39　V-Ray材质编辑器

图11-40　创建材质层设置

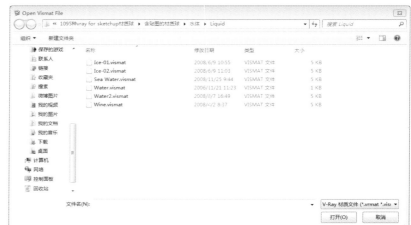

图11-41　导入V-Ray材质文件

11.6.3　室内渲染常用材质及其参数

室内渲染常用材质及其参数有：

（1）白色墙面：白色 –245，反射 23，高光 0.25，去掉反射。

（2）布纹材质：在漫反射贴图里加上 FALLOFF（衰减），设材质的亮度为 255 的色彩，色调自定，设置反射为 16（在选项里去掉跟踪反射，让其只有高光没有反射），反射高光光泽度为 30.5 再加上凹凸，其他选项保持不变。

（3）木纹材质：在漫反射里加入木纹贴图，在反射贴图里放置 FALLOFF（衰减），在衰减类型里加 Fresnel（菲涅耳）上为近，亮度值为 0；远处的亮度值为 230，带点蓝色，衰减强度为 1.6（默认）。反射高光光泽度为 0.8（高光大小），光泽度为 0.85（模糊值），细分为 15。加入凹凸贴图，强度 10 左右。

（4）亮光不锈钢材质：漫反射为黑色 0（增强对比），反射为浅蓝色（亮度 198，色调 155，饱和 22），反射高光光泽度为 0.8（高光大小），光泽度为 0.9（模糊值），细分为 15，如果要做拉丝效果，就在凹凸内加入贴图。

（5）皮革材质：在反射贴图里放置 FALLOFF（衰减），在衰减类型里加 Fresnel（菲涅耳），两个材质全加上凹凸贴图上为近，亮度值为 0，强度为 5；远处的亮度值为 29，强度为 25，衰减强度为 15。反射高光光泽度为 0.67（高光大小），光泽度为 0.71（模糊值），细分为 20，在凹凸内加入贴图（值在 35 左右）。

（6）漆材质：反射为浅蓝色（亮度 15），反射高光光泽度为 0.88（高光大小），光泽度为 1（模糊值），细分为 8。

（7）半透明材质：折射（亮度）为 50，光泽度为 0.8（模糊值），细分 20，勾上影响阴影选项。反射为浅蓝色（亮度）11，反射高光光泽度为 0.28（高光大小），光泽度为 1（模糊值），细分为 8，去掉反射（让其只有高光没有反射）。

11.6.4 渲染测试

（1）灯光缓存。细分 1200，如图 11-42 所示。

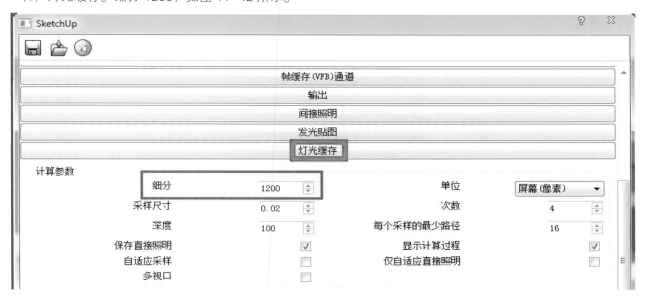

图11-42　灯光缓存面板

（2）DMC 采样器。自适应量 0.8，噪点阀值 0.005，最少采样 15，细分倍增 2.0，如图 11-43 所示。

图11-43　DMC采样器面板

（3）发光贴图。半球细分 50，采样 30，如图 11-44 所示。

图11-44　发光贴图面板

（4）图像采样器。选择自适应纯蒙特卡罗类型，并勾选"抗锯齿过滤"选项，如图 11–45 所示。

图11–45　图像采样器面板

（5）全局开关面板。勾选"反射 / 折射"和"光泽效果"选项，如图 11–46 所示。

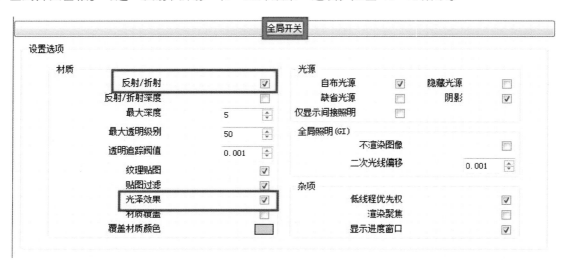

图11–46　全局开关面板

（6）根据需要的出图尺寸设置输出，如图 11–47 所示。800×600 像素的可用 A4 打印，1200×900 像素的图可用 A3 打印，2400×1800 像素的可用 A2 打印，4800×3600 像素的可用 A1 打印，9600×7200 像素的可用 A0 打印。试渲染可降低出图尺寸，提高渲染速度。

图11–47　输出尺寸设置

11.6.5　V–Ray 灯光的建立

查看整体灯光平面图知，灯光主要有室外天光、补光、射灯、壁灯、台灯。

（1）天光。天光的颜色为蓝色，即倍增为 7.0。

（2）客厅补光。蓝色窗格的阻挡大大削减了窗外的天光的范围，为了营造真实天光的效果，需要补充客厅灯光。

（3）大厅和门厅补光。大厅和门厅的补光主要还是白光，这两个灯光主要的作用是对大厅和门厅有个整体的照明。

（4）射灯（光域网）。在选择光域网的时候要选择比较柔和的光域网，射灯主要作用是给家具一定的照明，使墙面微微反映射灯的存在。灯光色彩是会客区以白色为主，大厅和门厅采用暖色。

11.6.6　最终渲染设置

最终渲染设置时，将最少采样设为 16，如图 11-48 所示。灯光缓存细分值设为 1600，如图 11-49 所示。

图11-48　最少采样设置

图11-49　灯光缓存细分值设置

11.6.7　效果图后期处理

渲染完成后进入 PS 后期处理。简单处理方式主要有：

（1）构图（裁剪工具）。

（2）亮度调节（图层面板：曲线，背景与曲线图层合并）。

（3）对比度调节（复制一个图层，叠加模式柔光，降低填充强度）。

（4）色调处理（色温、饱和度等）。

后期处理后的效果如图 11-50 所示。

图11-50　后期处理后的效果图

[1] 云海科技.SketchUp 设计新手快速入门[M].北京:化学工业出版社,2014.

[2] 鲁英灿,康玉芬.设计大师 SketchUp 提高[M].北京:清华大学出版社,2011.

[3] 刘慧超.SketchUp 入门到精通[M].武汉:武汉大学出版社,2017.

[4] 马亮,王芬.SketchUp 建筑设计实例教程[M].北京:人民邮电出版社,2012.

[5] 陈志民.SketchUp 实用教程[M].北京:人民邮电出版社,2015.

[6] 李红术.中文版 SketchUp 草图绘制技术精粹[M].北京:清华大学出版社,2016.

[7] 卫涛,杜华山,唐雪景.草图大师 SketchUp 应用:快速精通建模与渲染[M].武汉:华中科技大学出版社,2016.

[8] 祝彬,黄佳.SketchUp 经典教程:室内设计全流程案例精讲[M].北京:化学工业出版社,2017.

[9] 灰晕.SketchUp 景观设计实战[M].北京:中国水利水电出版社,2016.

[10] 陈李波,李容,卫涛.草图大师 SketchUp 应用:七类建筑项目实践[M].武汉:华中科技大学出版社,2016.

[11] 邸锐.SketchUp+VRay 室内设计效果图制作[M].北京:人民邮电出版社,2015.

[12] 谭俊鹏,边海.Lumion/SketchUp 印象:三维可视化技术精粹[M].北京:人民邮电出版社,2012.

[13] 张凯,马亮,边海,等.Google SketchUp 设计沙龙[M].北京:人民邮电出版社,2012.

[14] 蔡文明,刘雪.Premiere/VR 景观视频剪辑与设计[M].武汉:华中科技大学出版社,2017.

[15] 思维数码.VRay 效果图渲染从入门到精通[M].北京:科学出版社,2010.

[16] 吴迪.VRay 室内空间渲彩演绎[M].北京:清华大学出版社,2014.

[17] 火星时代.VRay 渲染巨匠火星风暴[M].北京:人民邮电出版社,2012.

[18] [韩]姜日雄,Well 企划.VRay 渲染风暴[M].李红姬,李明吉,译.北京:人民邮电出版社,2009.

文参
献考

SketchUp+V-Ray JIANMO YU XUANRAN